독자의 1초를
아껴주는 정성을
만나보세요!

세상이 아무리 바쁘게 돌아가더라도
책까지 아무렇게나 빨리 만들 수는 없습니다.
인스턴트 식품 같은 책보다
오래 익힌 술이나 장맛이 밴 책을 만들고 싶습니다.
땀 흘리며 일하는 당신을 위해
한 권 한 권 마음을 다해 만들겠습니다.
마지막 페이지에서 만날 새로운 당신을 위해
더 나은 길을 준비하겠습니다.

매스매틱스

매스매틱스
1

이상엽 지음

길벗

Preface

수학에 인격이 있다면

아마 불같이 화를 낼 거예요.

자신은 교과서와 전공 교재라는 틀에 갇혀 있는 것이 아니라고요.

다른 학문과 기술을 위해서 존재하는 것도 아니며

점수 따위로 재단되는 것은 더더욱 아니라고요.

자기를 미워할 거라면

제발 누구인지는 좀 알고 나서

미워하라고요.

제가 이 소설을 쓴 이유는 수학 지식을 전달하고자 함이 아닙니다.

이 소설을 통해 여러분이 수학과 친해지기를

바라는 마음에서 썼습니다.

이 소설의 주인공은 여러분입니다.

프롤로그

프롤로그

prologue

I.

'지금 내 지식만으로도 과거로 간다면 세계 최고의 수학자가 될 수 있지 않을까?'

어제 학원 선생님께서 풀어주셨을 때는 이해하고 넘어갔던 문제였다. 그것을 눈앞에 둔 채 십 분 넘게 쩔쩔매고 있는, 한심한 내 머릿속에 문득 스쳐 지나간 생각이다.

그래. 사실대로 말하자면 어제 이 문제를 이해했다는 건 거짓말이다. 어차피 질문해봐야 수업을 방해하지 말라는 핀잔이나 들을 게 뻔하니 나 스스로 이해했다고 타협하며 넘어간 것일 뿐.

도대체 어떻게 해야 이 지긋지긋한 수학을 잘할 수 있을까?

또다시 학원을 바꿔야 할까? 서연이마저 없는 지금 이 학원에서 나의 수준 낮은 질문들을 받아주는 사람도 없으니.

그런데 부모님께는 뭐라고 하지? 지금 다니는 이 학원도 나름 우리 동네에선 좋다고 소문 난 곳인데.

아니면 원장선생님께 반을 바꿔 달라고 말씀드려 볼까? 듣자하니 M 반은 선생님께 학생들이 개별적으로 질문하는 시간도 따로 있다고 한다. 기왕 반을 바꾸게 된다면 나도 그 반으로 가고 싶다.

그런데 만약 반을 바꾸는 게 안 된다고 하시면?

혹시 다른 반 학생이더라도 선생님께 몰래 찾아가서 질문하면 받아주시려나? 그래도 된다고 하시면 나중에 꼭 선생님께 크게 보답해야지.

"야, 공부 잘되냐?"

깜짝이야! 이런저런 생각으로 머리가 산만하던 나에게 친구 녀석이 말을 걸어왔다.

"아니, 지금 막 공부 잘되려는 참인데 네가 말 거는 바람에 깨졌어."

"멍 때리고 있었으면서 무슨. 크크, 아무튼 지금 편의점 콜?"

"…콜."

Ⅱ.

친구와 밖으로 나와 보니 날씨가 정말 말도 안 되게 좋다. 미세먼지 하나 없는 새파란 하늘이라니! 이런 화창한 일요일 낮 시간. 조금이라도 좋으니 맘 편히 놀 수 있으면 좋으련만, 당연하다는 듯이 독서실 한 구석에 틀어박혀 있어야만 하는 이 지옥 같은 고3 생활에 새삼스럽게 진절머리가 났다.

"야, 근데 걔 전학 간 게 아니라 가출한 거라며?"

"누구? 서연이?"

"응."

"가출이라니. 그건 또 무슨 소리야?"

"페북 못 봤어? 걔 어머니가 글 올리셨던데?"

"헐… 진짜 무슨 사고라도 났나?"

"그러니까 말이야. 난 걔 잘 알지도 못하지만, 막 집 나가고 그러는 캐릭터는 아니지 않아?"

당연하지.

게다가 전국모의고사도 며칠 남지 않은 이때, 가출을 하고 학교도 학원도 나오지 않는다고? 서연이를 조금이라도 알고 있는 사람이라면, 그 누구도 믿지 못할 황당한 말이다.

나와 같은 반 친구인 서연이는 최상위권 성적을 자랑하는 모범생이다. 거기에 얼굴까지 엄청 예뻐서 우리 반 남자애들이 모두 좋아하는 앤데, 워낙 조용한 데다가 모범생 특유의 아우라까지 있어서 누구도 쉽게 다가가지는 못한다.

물론 나도 마찬가지였다. 지금 다니는 학원에서 우연히 같은 반이 된 후에도 몰래 쳐다만 봤지 선뜻 다가가지는 못했다. 그런 내가 지금처럼 서연이와 친하게 지내게 된 것은 나의 호기심 많은 성격 덕분이랄까?

머리가 남들보다 나빠서인지 아니면 좋아서인지는 잘 모르겠는데, 난 늘 궁금한 게 너무 많았다. 어렸을 때부터 학교나 학원에서 선생님께 질문하는 횟수가 다른 애들보다 유독 많았고, 그런 이유로 초등학교

6학년 때는 왕따를 당하기까지 했다.

중학교 2학년 때 담임이었던 수학 선생님은 나에게 이런 말을 하기도 했다.

"선생님 귀찮게 좀 하지 말고, 해설지 보면서 너 스스로 공부 좀 해봐. 정 이해가 안 되면 일단 그냥 외워!"

선생님의 짜증 섞인 말투와 눈빛을 본 이후로 나는 질문을 하지 않게 되었을 뿐 아니라 수학, 아니 공부 자체에 흥미를 잃어버렸다.

하지만 작년, 그러니까 고2 2학기 기말고사가 끝나고, 이제 나도 고3이라는 압박감에 그동안 친구들과 놀기 위해서 다녔던 학원을 그만두고 지금의 학원으로 옮겼다.

그렇다고 그동안 쭉 멀리했던 공부가 갑자기 잘될 리는 없었다. 특히 수학은 너무나도 기본이 부실해서 수업을 도저히 따라갈 수가 없었다.

서연이는 그런 내게 구원의 손을 내밀어준 천사다.

Ⅲ.

그날은 학원에서 함수의 극한을 복습하는 날이었다. 물론 내 처지에서는 난생처음 배우는 거라고 봐도 무방한 상황이었고.

수업 시간 내내 이어지는 외계 언어의 향연 속에서 간신히 정신 붙들고 수업에 따라가려 노력했으나, 도저히 이해되지 않는 개념 하나 때문에 머리가 자꾸만 헛도는 기분이었다.

바로 단원 초반에 나오는 $\lim\limits_{x \to a} f(x) = c$라는 식이다. 선생님께서는 이 식의 의미가 "x가 a로 한없이 가까이 다가갈 때, $f(x)$는 c가 된다."라고 하셨다.

$f(x)$가 함수라는 것쯤은 나도 안다. x라는 미지수에 적당한 수를 대입하면 그에 따라 적당한 값이 나오는. 예를 들어서 $f(x) = x + 1$이라 하면 $f(0) = 0 + 1 = 1$이지.

그런데 이해할 수 없는 건, 어떻게 x가 아직 a로 '다가가고 있는 중'인데 $f(x)$의 값을 c라고 확정 지어서 말할 수 있느냐는 점이다.

아무리 x가 a에 한없이 가까워진다고 하더라도 아직 '정확하게' a인 건 아니잖은가? 그러니까 $f(x)$도 아직 '정확히' c일 리가 없고. 굳이 말한다면 c의 '근삿값'이라고 하는 게 맞지 않나?

이번만큼은 도저히 그냥 넘어갈 수 없었다. 나는 손을 번쩍 들고 선생님께 질문했다.

"쌤, 저거 극한이요. 어떻게 x가 정확하게 a인 상황이 아닌데 $f(x)$는 정확하게 c라고 하는 거예요?"

"정확히 c라는 게 아니라 c에 한없이 가까이 다가간다는 얘기지."

"그럼 정확히 c인 건 아니니까 근사 기호(≒)를 써서 $\lim\limits_{x \to a} f(x) ≒ c$라고 해야 옳은 거 아니에요? 왜 등호(=)를 쓰나요?"

"이건 그냥 약속이야. 넌 이제 고3씩이나 되는 놈이 무슨 선행 학습하는 고1 애들이나 물어봄 직한 기초적인 질문을 하냐? 너 예전에 개념 수업할 때 졸았구나?"

"…"

말문이 막힌 나는 뻘쭘하게 자리에 앉았다. 애들 앞에서, 더군다나 오늘은 내 바로 뒷자리에 서연이도 앉았는데, 이렇게 공개적인 망신을 당하다니. 속에서 분한 감정이 차올랐다.

그래, 내가 이래서 수학을 싫어하는 거야. 당연하게도 그 이후의 수업 내용들은 전혀 내 귀에 들어오지 않았다. 쉬는 시간이 되어 기분전환 겸 음악이나 들으려고 귀에 이어폰을 꽂으려는 찰나, 누군가 손가락으로 내 등을 살짝 건드렸다.

"누구?"

돌아본 순간 숨이 턱 멎는 줄 알았다. 바로 뒷자리의 그녀, 서연이었다.

"너 아까 질문했던 거, 아직도 궁금하니?"

갑작스럽게 벌어진 상황에 너무나도 놀란 내 가슴이 터질 듯이 요동치기 시작했다.

"어, 어…?"

"아까 너 쌤한테 질문한 거 진짜로 궁금해서 물어본 건가 해서…."

"아 그거? 아… 어! 왜?"

"진짜? 그냥 좀 신기해서 말이야. 나도 예전에 너처럼 궁금해했었는데, 나 말고도 그 개념에 대해서 깊이 궁금해하는 사람은 처음 보거든. 혹시 아직도 계속 궁금하면 내가 알려줄까?"

"어? 어… 나야 고맙지!"

이게 웬일인가? 서연이가 내게 먼저 다가오다니! 와, 그러고 보니 얘는 목소리마저 곱다. 내 요동치는 심장 소리가 서연이에게 들릴까 봐 조용히 숨죽이고 그녀가 꺼낸 연습장으로 시선을 고정했다.

"일단 조밀성이라는 개념이 있어. 대학교에 가면 배우는 내용이라는데, 막상 그렇게 어렵지는 않아."

"조밀성?"

"응. 서로 다른 어떤 두 수 사이에는 항상 또 다른 수가 존재한다는 실수의 성질이야."

"뭐?"

"음… 그러니까 예를 들어서 0이랑 1 사이에는 0.5가 있지?"

"그치."

"0이랑 0.5 사이에는 0.25가 있고?"

"그렇지."

"항상 그렇다는 거야. 언제나. 서로 다른 두 실수 사이에서 우리는 또 다른 실수를 말할 수 있다는 거지."

"어… 그야 당연하겠지. 그걸 조밀성이라고 하는 거야?"

"여기까지 이해했어?"

"어."

"$f(x)$가 c로 한없이 가까이 다가가면 결국 정확히 c가 될 수밖에 없다는 것도 이 조밀성으로 설명이 가능해."

"… 어떻게?"

"$f(x)$가 c로 한없이 다가가서 도달한 값이 만약에 c가 아니라 b라는 수였다고 해 봐."

"응."

17

"일단 b랑 c는 서로 다른 두 실수라는 얘기지?"

"그지."

"그럼 아까 말한 조밀성 때문에 b랑 c 사이에는 또 다른 실수 d 같은 걸 잡아줄 수 있겠지?"

"오… 그렇지."

"그럼 바꿔 말해서 $f(x)$는 c에 한없이 다가간 게 아니었다는 얘기야. b보다도 d라는 수가 c에 더 가까우니까."

"아…!"

"$f(x)$가 d에 도달했다고 해도 마찬가지야. c와 d 사이엔 그보다 더 가까운 e 같은 수가 존재하지. 결국 $f(x)$가 도달하게 되는 값은 c 이외의 다른 수가 될 수 없어. 정확히 c이지."

저절로 속에서 감탄이 나왔다. 비록 내가 완벽하게 이해한 건지는 모르겠지만, 순간 내 눈에 서연이는 마치 수학의 신처럼 보였다.

"이해 돼?"

"어. 대충? 너 대단하다. 설명 잘하네?"

"아니. 사실 이걸 바로 이해한 네가 대단한 거야. 나도 좀 놀랐어."

"그러면 말이야. 처음에 x가 a에 가까이 다가간다고 했던 것도 결국 $x = a$라는 얘기인 거야?"

"후훗, 진짜 신기하다."

"응? 뭐가?"

연습장에 고정했던 시선을 돌려 서연이를 보니, 그 예쁜 얼굴 가득히 미소를 머금고 있는 게 보였다.

"너 왠지 나랑 생각하는 게 비슷한 거 같아."

"내가? 지금 나 놀리는 거지?"

"아니야 진짜. 후훗. 아무튼 $x = a$일 때는 너도 알겠지만 $f(a)$라는 함숫값을 가져. 하지만 $\lim\limits_{x \to a} f(x)$는 $f(a)$랑 다르지. $\lim\limits_{x \to a} f(x)$의 정의에는 $x \neq a$라는 조건이 숨어 있거든."

"무슨 얘긴지 잘 모르겠는데?"

"이건 $\lim\limits_{x \to a} f(x) = c$라는 식의 엄밀한 정의를 살펴보면 해결되는 의문이야. 예전에 나도 너랑 똑같은 의문을 갖고 혼자서 찾아본 후에야 알게 된 건데, 이 함수의 극한은 애초에 엡실론-델타논법으로써 정의가 되는 개념이더라고."

"엡씨… 뭐?"

"설명해 줄까?"

"아, 아냐. 갑자기 머리가 확 아파지는 것 같아. 아하하."

"후훗 알았어. 나중에라도 언제든지 다시 궁금해지면 얘기해."

그날의 대화 이후로 나는 공부하다가 이해가 안 되는 내용이 있으면 학원에 와서 종종 서연이에게 물어보곤 했다. 그리고 서연이는 그런 나를 단 한 번도 귀찮아하지 않고 항상 친절하게 반겨주었다.

놀랍게도 서연이의 설명을 들을 때면 그동안 내 머릿속에서 뿔뿔이 흩어져 있던 또 다른 수학 개념들도 우르르 몰려와 마치 퍼즐처럼 맞춰지는 듯했다. 심지어 이따금 수학이 재밌다는 생각마저 들었다.

수학이 재밌다니? 이 무슨 말도 안 되는 소리란 말인가.

특히나 고마웠던 건, 그동안 늘 핀잔만 들어왔던 나의 수준 낮은 질문들에 서연이는 매번 진심으로 공감해주었다는 점이다. 자기도 예전에 그 부분을 똑같이 궁금해했었다며. 실제로 그럴 리는 없었을 텐데 말이다. 서연이는 나와 달리 최상위권의 모범생이니까.

언젠가부터 난 단순히 서연이를 좋아하는 마음을 넘어서 동경하게 되었다. 비록 내 수학 성적은 여전히 제자리걸음(희한하게도 내가 그동안 서연이에게 했던 질문들은 단 한 번도 학교 시험문제나 모의고사 문제로 출제되지는 않았다.)이지만, 아무렴 어떤가? 한없이 싫기만 했던 수학이 조금은 좋아졌다는 것만으로도, 서연이는 나에게 구세주요, 천사요, 수학의 신이었다.

그런데 얼마 전, 그런 서연이가 갑자기 사라졌다. 학원에도 안 오고 학교에서도 보이지 않아 처음에는 가족들과 해외 여행이라도 간 줄 알았다.

안 보이는 날이 길어져서, 하루는 고심 끝에 용기를 내 카톡을 보내봤으나 지금까지도 서연이는 확인조차 하지 않고 있다. 내심 많이 서운하지만 혹시 전학을 가면서 그동안의 모든 친구 관계를 끊어버린 것은 아닐까 하고 짐작만 할 뿐이었다.

그런데 뭐? 가출이라고?!

Ⅳ.

서연이에 대해 이런저런 생각을 하는 사이 어느새 편의점에 도착했다. 안에는 위층 교회에서 방금 예배를 마치고 내려온 꼬마 아이들로 북적거렸다. 컵라면 먹을 자리조차 없길래 친구와 나는 그냥 음료수를 하나씩 사서 들고 나왔다.

서로 말없이 음료수만 홀짝홀짝 마시며 독서실로 돌아가는데, 친구 녀석이 먼저 말을 꺼냈다.

"야, 근데 지금 우리 정도 지식이면 옛날의 가우스급 정도는 되지 않을까?"

"오… 아까 나도 너랑 비슷한 생각 했었는데. 너 오늘 나랑 좀 통하네?"

"크크. 물론 쓸데없는 생각이긴 하지만. 가우스나 페르마는 미적분을 알았을까?"

"글쎄? 내가 그걸 어떻게 알아."

"하긴. 당장 너부터 미적분을 모르는데 무슨. 크크."

"야, 죽을래? 4점짜리를 못 푸는 거지 이제 3점짜리들은 어지간하면 풀거든?"

"어유, 그러셔요? 진짜 많이 늘기는 했네. 사람 됐구나, 너?"

그 순간!

흠칫할 정도로 오싹한 기운이 귀를 스쳤다. 그와 동시에 두통이 시작되며 정신이 아찔해졌다.

"어우! 씨!!"

"뭐야? 왜 그래?"

"야, 잠깐만 서 봐."

근래 들어 며칠에 한번 꼴로 찾아오는 그 증상이다. 급히 길 옆의 벽에 몸을 기대고 서서 두 눈을 질끈 감았다.

당황한 친구 녀석은 옆에 와서 왜 그러느냐며 내 어깨를 흔들어댔다.

"야야, 흔들지 마!"

"왜 그래? 무슨 일이야?"

"요새 가끔 이래. 갑자기 확 아찔해지는데 이러고 조금만 있으면 괜찮아지니까 기다려."

"아찔? 너 혹시 어제 게임하다 밤샜냐?"

"미쳤냐? 아… 잠깐만 조용히 있어 봐."

이상하게 고통이 평소보다도 훨씬 더 심하다. 온몸에 송골송골 식은 땀이 맺히는 게 느껴졌다.

그러고 보니 평소에는 몇 초 정도만 있어도 금세 증상이 사라지곤 했는데 오늘은 왜 이리도 오래가는 거지?

"어우 야! 안 되겠다. 너 나 좀 부축해서 병원에 데려다줄래?"

"오늘 병원 문 닫았잖아. 멍충아."

"아, 맞다. 오늘 일요일이지. 젠장."

"어떡해? 집에라도 데려다줘?"

"아냐. 그럼 좀만 더 기다려 봐. 원래는 이러다 금방 괜찮아졌었는데. 으윽…!"

눈을 떠봤다. 다른 때와 마찬가지로 시커멓게 아무것도 보이지 않았다. 문득, 무섭다는 생각이 들었다. 평소에 이 증상을 대수롭지 않게 여기고 넘어갔던 나 자신이 원망스러워졌다.

"야. 너 내일 꼭 병원 가 봐라. 내가 보기엔 문제가 좀 심각해 보이는데?"

"어. 그래야겠어. 원래 이 정도까지는 아니었는데…."

"언제부터 그랬는데?"

"… 삼 개월 전쯤?"

"미친 놈아. 석 달 지날 동안 병원을 한 번도 안 가 본 거야?"

"이 정도까지는 아니었다니까…. 어?! 이제 조금씩 괜찮아진다! 휴우…."

"임마. 너 그러다 진짜로 훅 간다? 고3이 말이야. 건강부터 챙겨야지."

"알았어. 그만해."

이내 고통이 완전히 사그라지고 시야도 다시 돌아왔다. 친구를 보니 녀석은 내 꼴이 우습기라도 했던 건지 배시시 웃고 있었다. 이 자식이. 누구는 방금 생사를 오간 기분인데!

"이제 들어가자."

난 괜히 센 척, 녀석의 등을 퍽 치고선 앞장서 독서실 건물로 들어갔다.

V.

아무래도 오늘은 무리하면 안 되겠다는 생각에 평소보다 독서실에서 일찍 나왔다. 집에 도착하니 엄마는 왜 이렇게 빨리 왔느냐며 눈에 힘을 주셨지만, 낮에 있었던 일을 말씀드리니 금세 사색이 되어 걱정을 하셨다.

그도 그럴 것이 난 평소에 꾀병 한 번 부려본 적이 없는 데다가 아픈 날이라곤 일 년에 손을 꼽을 정도로 아주 건강한 체질이기 때문이다.

방에 들어와 침대를 한번 쓱 보았다가, 그래도 고3이라는 의무감에 책상 앞에 앉아 수학 문제집을 꺼내 펼쳤다.

4점짜리 고난도 문제들은 어차피 손도 못 댈 게 뻔하니, 2~3점짜리 쉬운 문제들을 위주로 풀어 나갔다.

해설지라도 보면서 공부하면 되지 않냐고?

난 해설지 풀이들이 너무나 맘에 안 든다. 분명 딱 부러지는 화려한 해법들은 많이 소개되어 있지만, 대체 왜 그런 해법을 써야만 하는 건지 대개의 경우 해설지는 그 이유를 알려주지 않는다. 그래서 난 늘 해설의 첫 문장에서부터 턱 하니 막히곤 한다.

나도 안다. 그럴 때는 그냥 외우고 넘어가면 된다는 걸. 그래서 한때는 해설지를 달달 외우려고 노력도 해봤다. 하지만 대체 얼마나 외워야 하는 것인지도 모르겠고, 마치 밑 빠진 독에 물을 붓는 듯한 느낌마저 들어서 그만두었다.

수학은 외우는 게 아니라 이해하는 과목이라고? 그런 배부른 소리는 머리 좋은 사람들이나, 어렸을 때부터 꾸준하게 수학 공부를 해왔던 사람들에게 해당되는 얘기다. 나 같은 수포자에게 적용되는 얘기는 결코 아니란 말이다.

그렇게 무념무상으로 공부를 한 지 두 시간쯤 지났을까?

느닷없이 낮에 느꼈던 그 섬찟한 기운이 또다시 내 두 귀를 스쳤다.

'아니, 왜 또? 하루에 이렇게 연달아서 신호가 온 적은 없었는데?'

이내 머리에 아찔한 충격이 시작됐다. 아까 낮에 느낀 고통은 비교도 할 수 없을 정도로 강한 통증이었다.

도저히 안 되겠다 싶어, 나는 바로 책상 스탠드의 불을 끄고선 침대 위에 쓰러지듯이 누웠다. 눈앞은 역시나 온통 시꺼메 아무것도 보이지 않았고, 정신을 깜박 놓기라도 하면 기절할 것 같은 고통이 머리에서부터 온몸으로 마구 퍼져 나갔다.

몸을 바로 누워 눈을 감고선 아찔함을 진정시키기 위해 애써 정신을 집중했다. 내일은 반드시 병원에 가 보리라고 다짐하며.

그렇게 몇 분이나 힘겨운 사투를 벌였을까.

마침내 아찔함이 서서히 사그라지기 시작했다.

그와 동시에 바짝 긴장하고 있던 온몸의 힘이 탁 풀리면서 내 몸은 무겁게 축 가라앉았다. 이내 침대에 빨려 들어갈 듯이 마구 잠이 쏟아졌다.

그때. 문득 불안함이 엄습했다.

마치… 지금 잠에 들면 뭔지 몰라도 큰일이 일어날 것만 같은 느낌이랄까?

알 수 없는 불안감에 일어나기 위해 몸을 뒤척였다. 아니, 뒤척이려고 했다. 그런네 이게 웬걸. 몸이 전혀 움직여지지 않는다. 마치 내 몸이 내 몸이 아닌 듯 꿈쩍조차 하지 않았다.

가위에 눌린 걸까?

처음 겪는 알 수 없는 현상에 내 머릿속은 혼란 그 자체였다.

그때 조그마하게 내 귀에 낯선 목소리가 들려왔다.

"야. 일어나."

① 실수의 조밀성

서로 다른 두 실수 사이에는 언제나 또 다른 실수가 존재한다는 성질. 이는 곧 서로 다른 두 실수 사이에는 언제나 무수히 많은 또 다른 실수들이 존재한다는 것을 의미한다.

당연히 유리수와 무리수도 조밀성을 갖는다. 하지만 두 자연수 1과 2 사이에 또 다른 자연수는 존재하지 않기 때문에 자연수를 비롯한 정수는 조밀성을 갖지 않는다.

※ 참고: 수의 체계

$$
\text{실수}
\begin{cases}
\text{유리수}
\begin{cases}
\text{정수}
\begin{cases}
\text{자연수} \\
0 \\
\text{음의 정수}
\end{cases} \\
\text{정수 아닌} \\
\text{유리수}
\end{cases} \\
\text{무리수}
\end{cases}
$$

② 함수의 극한 $\lim_{x \to a} f(x)$

x가 한없이 a에 가까워질 때 $f(x)$가 한없이 가까워지는 값. 이 값은 존재할 수도 있고(수렴), 존재하지 않을 수도 있다(발산).

함수의 극한은 엡실론(ϵ)-델타(δ) 논법으로써 엄밀하게 정의된다. 엡실론-델타 논법으로 $\lim_{x \to a} f(x) = c$의 정의를 서술하면 다음과 같다.

$$\forall \epsilon > 0, \ \exists \delta > 0 \ s.t. \ 0 < |x - a| < \delta \Rightarrow |f(x) - c| < \epsilon$$

이를 우리말로 쉽게 풀어쓰면 다음과 같다.

"아무리 작은 양수를 가져와도 $f(x)$와 c의 차이를 그 양수보다도 작게 만들어주는 x와 a의 간격을 잡을 수 있다."

에피소드 1

피타고라스 시대

Pythagoras

아쿠스마티코이
발표회

I.

"엘마이온. 일어나란 소리 안 들려?"

이건 갑자기 무슨 목소리인가? 이젠 하다 하다 환청까지 들리는 건가.

"이놈아. 이제 일어나라고!"

갑자기 뺨에 불똥이 튀는 듯한 충격이 느껴졌다.

"어우 씨. 뭐야!?"

"뭐긴 뭐야. 네 스승이지 이놈아! 얼른 일어나지 못하겠느냐?"

"앗, 히파소스 님. 죄송합니다! 제가 방금 너무나도 장황한 꿈을 꿔서요."

"이 녀석아, 얼른 정신 차리고 준비나 해라. 오늘 아쿠스마티코이[1] 학회에서 발표하기로 했다면서?"

---

1 '듣는 자'라는 뜻으로, 피타고라스학파의 하위 제자를 일컫는다.

"아, 네! 어제 밤늦게까지 준비했는데…. 어느샌가 잠들어 버렸네요? 아하하…."

"어이구 이 게으른 녀석아. 지금 팔자 좋게 웃음이 나오느냐? 쯧쯧."

… 대체 뭐였지, 방금까지의 나는? 분명히 꿈은 아니었는데? 지금 혹시 내가 꿈을 꾸고 있는 건가?

"뭐. 네가 알아서 잘 준비했을 거라 믿기는 한다만. 그래. 오늘 발표하려는 주제는 무엇이냐?"

"네? 아, 발표 주제요? 수의 조밀성에 대해서입니다."

"수의 조밀성? 흐음. 생소한 단어로구나."

"세상 만물을 수와 그 비로 표현할 수 있다는 피타고라스 님의 가르침을 조금 다른 관점에서 바라본 것이에요."

"다른 관점?"

"네. 결론부터 말씀드리자면, 수의 비를 작은 순서부터 쭉 나열하면 빈틈없이 빽빽하게 늘어설 거라는 거죠. 세상 만물은 그 나열에 적절하게 알아서 배치될 것이고요."

"오호라, 사물을 수로 표현하는 게 아니라, 수를 사물로 표현하겠다는 역발상을 한 게로군? 기발하다! 역시 넌 천재성이 있어. 행동만 좀 더 부지런하면 더할 나위 없이 좋으련만. 쯧."

"하하하, 스승님 걱정하지 마십쇼. 마테마티코이[2] 님들 중에서도 으

2　'배우는 자'라는 뜻으로, 피타고라스학파의 상위 제자를 일컫는다.

뜸이라고 불리는 위대하신 우리 히파소스 스승님의 얼굴에 먹칠하지는 않을 거니까요.”

“요 녀석, 날 놀리는 게냐? 허허허…. 그런데 왜 하필 ‘조밀성’이냐? ‘촘촘함’이라든지 ‘빽빽함’이라든지 비슷한 단어들도 얼마든지 많은데 말이다.”

“네? 어… 그러게요. 왜 그랬지? 그러고 보니 어젯밤에 분명 이걸 뭐라고 부를지 고민하다가 잠든 것 같은데. 왜 지금은 제가 ‘조밀성’이라고 자연스럽게 부르는 걸까요?”

“그걸 내가 아느냐? 네가 꿨다는 그 장황한 꿈에서 무슨 신의 계시라도 있었나 보지.”

정말로 꿈이었나? 꿈이라기엔 너무 이상한데.

지금이 현실인 건 분명하다. 하지만 마치 내가 두 개의 현실을 살아왔던 것처럼 방금까지의 삶 또한 생생하고 익숙할 뿐 아니라 심지어… 더 정겹다.

그러고 보니 난 방금까지 내 방에서 수학공부를 하다가 침대에 누워 잠들었는데, 침대 위의 내 몸은 어떻게 된 거지?

지금 내가 대체 무슨 황당한 생각을 하고 있는 거야?

“이 녀석아! 얼른 나갈 준비 안 할래? 언제까지 멍하니 앉아 있을 셈이냐? 한 대 더 맞고 싶으냐!?”

“아이고, 깜짝이야! 네, 스승님. 지금 바로 준비합니다!”

거참, 이상한 꿈⑦이었다. 그러고 보니 꿈속에서의 내 이름은…

… 뭐였지?

II.

와, 뭐 이리 많아!

몇 달 전에 열렸던 학회에서는 아쿠스마티코이들이 백여 명 정도만 모였었는데, 오늘은 그보다 두 배는 더 많아 보인다. 우리 피타고라스 학파의 인원수가 나날이 급증하고 있다는 이야기는 익히 들었지만, 이렇게 눈으로 직접 확인하니 내심 뿌듯했다. 하지만 한편으론 걱정이 몰려왔다.

이렇게 많은 아쿠스마티코이 가운데서 과연 내가 두각을 나타낼 수 있을까? 나는 언제쯤이면 마테마티코이로 승격되어서 피타고라스 님의 가르침을 받을 수 있을까?

어떤 사람은 피타고라스 님이 신이라고 한다. 혼돈이 극심한 이 땅에 신의 언어인 수학을 전파하여 조화와 번영을 이루고자 인간의 몸으로 현현한 전지전능한 신.

실제로 피타고라스 님께서 동시에 여러 곳에 존재하는 기적을 보이셨다던지, 상반신은 우리와 똑같은 사람의 몸이지만 하반신은 황금으로 되어 있다던지 등과 같이 그분이 신이라는 온갖 증언이 무성하다.

하지만 내가 피타고라스 님을 따르는 것은 단순히 그런 신비로운 소문 때문만은 아니다. 나와 같은 평범한 사람이 도저히 범접할 수 없는 그분의 엄청난 지식과 지혜를 존경하기 때문이다.

물론 난 아직 그분을 직접 뵌 적은 없지만, 나의 스승인 히파소스 님조차도 떠받드는 분이니 의심의 여지 따위는 없다. 사실 스승님의 지식만 하더라도 지금의 나로서는 몹시 존경스러울 따름이니까.

"야. 강연 준비 잘했냐?"

깜짝이야! 한창 이런저런 생각에 빠져 있던 나에게 친구 녀석이 말을 걸었다.

"아니. 이제 막 마무리하려는 참이었는데 방금 네가 말 거는 바람에 깨졌어."

"멍이나 때리고 있었으면서 무슨 놈의 마무리. 크크."

녀석이 킥킥거리며 웃었다.

이건 또 뭐지, 익숙한 불쾌감인데?

"그러는 너는 어제 청강 잘했냐?"

"아니. 듣다가 잠들었다. 크크."

"넌 어떻게 된 놈이 그 귀한 시간을 잠으로 날려 먹냐? 구제불능이네 이거."

"잠이 쏟아지는 걸 어떡해? 다음에 잘 듣지 뭐. 이 몸은 누구처럼 청강조차 할 수 없는 말단은 아니거든."

"오호, 마침 날씨도 딱 좋은 게. 오늘을 너의 제삿날로 삼고 싶은 거구나?"

분하긴 하지만 모두 맞는 말이다. 이 녀석은 예전에 열렸던 아쿠스마티코이 학회에서 우수한 발표를 한 덕에 피타고라스 님의 대강연을 청강할 자격을 얻게 되었다. 비록 대강연은 이삼 개월에 한 번꼴로 드물게 열리고, 그마저도 벽 너머에서 들어야 하지만. 나에게는 그런 자격조차 없으니 친구 녀석이 부러울 따름이다.

"다들, 조용히!"

오늘 힉회의 진행을 맡으신 마테마티코이 데모스쿠스 님이 회장 한가운데 서서 외치셨다.

"오늘 새롭게 참석한 아쿠스마티코이들이 많은 걸로 아는데, 회장에서 정숙을 유지하는 것은 우리 피타고라스학파의 기본 중 기본이다! 신성한 장소에서 감히 경박함을 드러내지 마라!"

지금 그 신성한 회당에서 가장 크게 떠들고 계신 분이 바로 데모스쿠스 님입니다만….

"오늘 학회에서 발표할 사람은 예고했던 대로 엘마이온, 안티폰, 기아스 모두 세 명이다. 이름이 불린 순서대로 발표를 이어갈 것이니, 첫 순서인 엘마이온은 나와서 준비하도록!"

"네, 넵!"

이럴 수가! 첫 순서가 나라는 얘기는 사전에 없었다고. 이럴 줄 알았으면 진짜로 멍 때리지 말고 준비부터 하는 건데….

그런데 뭘까? 다급해진 머리와는 달리 근거를 알 수 없는 자신감이 가슴속 깊은 곳에서부터 솟구치고 있었다.

Ⅲ.

"안녕하세요. 반갑습니다! 저는 히파소스 님의 제자인 엘마이온입니다!"

("뭐? 저 사람이?")

("히파소스의 제자라고?")

("히파소스라면 마테마티코이들 사이에서 왕따를 당한다는 그 사람 아냐?")

("쉿. 조용히 해. 데모스쿠스 님이 듣겠어.")

일순간 곳곳에서 사람들이 수군거리기 시작했다. 왜지? 아, 아무래도 내 스승님이 바로 그 위대한 히파소스 님이라는 사실에 다들 놀랐나 보군.

당연하지. 히파소스 님은 내가 본 그 어떤 마테마티코이보다도 현명하시고 뛰어나신 분이니까. 피타고라스 님을 제외하면 아마도 이 세상에서 스승님보다 더 지혜로운 분은 없을 거야.

"다들 조용히 하고 엘마이온의 발표에 집중해라!"

데모스쿠스 님이 다시 한번 어수선한 청중의 분위기를 정숙하게 하셨다.

"감사합니다. 데모스쿠스 님. 그럼 지금부터 제가 준비한 발표를 바로 시작하겠습니다."

이백 명은 족히 넘는 청중의 눈이 일제히 나를 향했다.

"흠흠. 제가 오늘 여러분과 나누고 싶은 주제는 수의 조밀성입니다!"

운을 떼기 시작한 나는 거침없이 이야기를 풀어 나갔다.

"다들 아시다시피 피타고라스 님은 우리에게 '만물의 원리는 수이며 만물은 수를 모방한다'는 위대한 가르침을 주셨습니다. 그에 따라 우리는 만물의 여러 이치를 수로 표현하기 위해 많은 노력을 기울여왔죠. 그 결과 이제 그 누구도 이 가르침에 의구심을 품지 않으며, 지극히 당연한 진리로 받아들이고 있습니다. 그런데 저는 문득 한 가지 궁금증이 생겼습니다. '피타고라스 님의 이 가르침을 다른 관점으로 바라볼 수는 없을까?' 하고요."

순간 데모스쿠스 님의 표정이 미묘하게 일그러지는 것이 보였다. 하지만 나는 침착히 발표를 이어갔다.

"많은 고민 끝에 저는 만약 피타고라스 님의 가르침을 거꾸로 접근할 수 있다면, 신의 섭리에 더 가까이 다가갈 수 있으리라는 확신이 들었습니다. 만물이 수를 모방한다는 것은 곧 만물의 세계인 이 세계보다도 수의 세계가 더 높은 세계라는 것을 의미하죠. 또한, 수는 신의 언어이니, 그 세계란 곧 신의 세계일 테고요. 따라서 만약에 우리가 수로써 그릴 수 있는 모든 세계를 펼쳐낼 수만 있다면, 이 세계를 신의 시선으로써 내려다볼 수도 있을 거란 얘기입니다!"

데모스쿠스 님의 눈이 순간 놀란 토끼 눈처럼 커졌다. 회장 안에 있는 몇몇 사람들도 마찬가지였다. 하지만 대부분은 아직 내 말을 이해하지 못해 어리둥절한 표정이었다.

좀 더 자세한 설명이 필요하겠군.

"우리는 그동안 수와 그 비로써 만물을 표현하는 연구를 해왔습니다. 하물며 악기의 화음에도 수의 비가 적용된다는 것이 밝혀졌지요. 거꾸로 생각해서, 만약에 우리가 모든 수, 즉 모든 수의 비를 파악하고 있다면 무슨 일이 가능할까요? 아마 우리는 이로부터 그동안 누구도 알지 못했던 새로운 화음들을 발견해낼지도 모릅니다."

아까보다 확실히 더 많은 사람들의 눈이 커지는 게 보였다.

"엘마이온. 발표를 끊어서 미안하다만, 아마 지금 대부분의 사람들도 나처럼 궁금해할 것이기에 이 시점에서 질문을 하나 하겠다."

상기된 얼굴의 데모스쿠스 님이 급히 말을 꺼냈다. 좋은 징조다.

"네, 하시지요. 마테마티코이시여."

"너는 처음에 오늘의 발표 주제를 '수의 조밀성'이라 소개했다. 그런데 지금 이야기하고 있는, 그러니까… 수의 세계를 파악해서 신의 세계를 연구한다는 얘기가 그 주제와 무슨 연관이 있는 거지?"

"데모스쿠스 님께서는 신의 세계가 완전하다고 보십니까? 아니면 불완전하다고 보십니까?"

"… 지금 무슨 말을 하려는 거냐?"

"수는 셀 수 없이 많습니다. 하지만 빈틈 또한 많죠. 1과 2 사이, 2와 3 사이처럼 말입니다. 하지만 수의 비는 어떤가요?"

"… 계속 얘기해 보게."

"우리는 1과 2 사이의 빈틈에 $\frac{3}{2}, \frac{4}{3}, \frac{5}{3}, \frac{5}{4}, \frac{7}{4}$ 등 무수히 많은 수의 비를 채워 넣을 수 있습니다. 그렇다면 만약 이러한 수의 비들을 크기가 가장 작은 것부터 순서대로 나열한다면 무슨 일이 생길까요?"

"…?"

"신의 세계가 완전하다면 이러한 수의 나열에도 빈틈이란 없을 겁니다. 하지만 만약 이러한 나열에 빈틈이 존재한다면? 그것은 곧 신의 세계에도 빈틈이 있다는 것을 의미하지요."

"너는 지금 신의 세계가 불완전하다는 얘기라도 하려는 거냐!?"

"당연히 아닙니다. 데모스쿠스 님. 피타고라스 님의 가르침에 따르면 분명 만물은 수를 모방합니다. 하물며 우리가 살아가는 이 시간도, 자연의 움직임도 마찬가지고요. 그리고 당연한 얘기지만 시간에도, 자연의 움직임에도 빈틈이란 없습니다. 만약 시간이나 자연의 움직임에 빈틈이 있다면 참으로 재밌는 현상들이 일어날 테죠. 여기 있는 제가 갑자기 데모스쿠스 님이 계신 자리로 뿅 하고 이동한다든지, 제 뒤에 있는 안티폰이 갑자기 늙어서 할아버지가 된다든지 하는 일이 일어날 수도 있을 테니까요."

청중석에서 웃음이 터져 나왔다. 다음 발표 준비로 얼굴에 긴장한 기색이 역력했던 안티폰의 입꼬리도 씰룩거리는 것이 보였다.

"그러므로 우리가 살아가는 이러한 세계를 품고 있는 신의 세계 역시 빈틈이 없을 거란 사실은 자명합니다. 즉, 신의 언어인 수와 그 비를 작은 순서부터 펼쳐낸 세계란 빈틈없이 **빽빽**할 겁니다."

데모스쿠스 님을 비롯한 회장의 모든 아쿠스마티코이들은 어느덧 숨소리까지 죽여가며 나의 말에 집중하고 있었다.

"'수와 그 비를 나열하면 빈틈없이 빼곡하게 늘이시게 된다' 수가 갖는 이러한 특별한 성질을 저는…"

몇 초간의 정적.

"바로 '수의 조밀성'이라고 이름 붙인 겁니다."

IV.

그야말로 난리가 났다.

지식을 외부로 발설하는 일은 피타고라스학파의 금기임에도 불구하고, 나의 발표를 본 이백 명이 넘는 아쿠스마티코이들은 앞다투어 자랑하듯 자신들이 들은 강연 내용을 외부에 떠들어댔다. 마을 어디를 가도 온통 나와 내 발표에 관한 이야기로 시끌시끌했다.

내 발표에 완전히 묻힌 안티폰과 기아스에게는 심심한 애도를….

소란스러운 마을을 보며 나는 성공적인 발표를 했다는 뿌듯함에 기분이 무척 좋았다. 한편으로는 발표의 핵심인 '수의 조밀성'에 대한 이야기는 쏙 빠진 채 '이제 인간이 신의 세계를 파악할 수 있게 되었다'든지 '엘마이온은 남몰래 피타고라스 님이 직접 가르치고 있는 아쿠스마티코이다' 같은 낭설도 같이 떠도는 게 조금 흠이지만 말이다.

"엘마이온! 안에 있느냐?!"

스승님의 목소리다.

"네, 스승님. 들어오시지요."

"녀석. 대체 발표를 어떻게 한 게야? 마을 사람들이 온통 너에 대해서 칭찬을 하더구나."

"어떻게 하긴요. 아주 잘했지요, 하하하."

"내 일찍이 네가 꽤나 좋은 머리를 갖고 있다는 점은 알아봤다만, 남들 앞에서 발표까지 잘할 줄은 미처 몰랐구나."

"아무렴 제가 누구 제자인데요. 당연한 말씀을."

"허허. 참으로 기특하고 대견하다. 오죽하면 아까 데모스쿠스가 나를 다 찾아왔을까."

"오, 데모스쿠스 님이 뭐라고 하시던가요?"

"우선 너의 발표에 내가 어느 정도 도움을 주었는지를 묻더구나."

"그래서요?"

"뭐 내가 도움 준거랄 게 있느냐? 사실대로 얘기했지. 내 도움 없이 모두 너 스스로 준비한 것이라고."

"하하. 그리 말씀하시니 데모스쿠스 님은 뭐라 하시던가요?"

"곧장 너의 발표 내용을 정리해서 오늘 저녁에 피타고라스 님께 보고하겠다고 하더라. 아마 지금쯤이면 보고하러 갔을 거다."

"피타고라스 님께요?"

"그래. 지금 분위기를 봐도 그렇고, 내 생각엔 이번에 너에겐 대강연 청강 권한 정도가 아니라 훨씬 더 큰 상을 줄 것 같다."

"오오!"

"네 이번 발표가 우리 피타고라스학파의 대외적 이미지에도 긍정적인 영향을 준 듯하니 말이다. 그 무식한, 아니 까칠한 데모스쿠스가 그리 감탄할 정도라면 말 다 한 거지."

"스승님, 지금 분명 '무식한 데모스쿠스'라고 하셨죠? 크크."

"귀는 참 쓸데없이 밝구나."

"안 그래도 아까 발표할 때 얼마나 답답했는데요."

"왜?"

"했던 말 또 하고, 했던 질문 또 하고. 어쩜 그리 말귀를 못 알아들으시던지. 스승님은 오전에 제가 횡설수설했는데도 딱 한번에 전체 내용을 파악하셨잖아요? 근데 데모스쿠스 님은 어후…"

"이 녀석아. 그런 말 말아라. 지금처럼 사람들의 이목이 모두 너에게 집중되고 있을 때 특히 더 언사와 행동거지를 모두 조심해야 한다. 방금 같은 실언은 혹여라도 밖에서는 절대로 해선 안 된다."

"아무렴 제가 그 정도 처세도 못 하겠습니까? 저 엘마이온입니다. 엘.마.이.온."

스승님과 이야기하는 도중에 문득 궁금한 것이 하나 생겼다.

"스승님, 좀 황당하실지도 모르겠지만 한 가지 여쭤보고 싶은 게 있습니다."

"질문은 언제든 환영이지. 무엇이냐?"

"스승님께서는 늘 피타고라스 님이 스승님보다도 훨씬 더 위대한 분이라고 하셨죠?"

"물론이지. 갑자기 그건 왜?"

"저는 아직 피타고라스 님을 직접 만나 뵌 적이 없잖습니까? 그래서 여쭙는 얘긴데… 그분께서는 스승님보다 얼마나 더 많은 지식을 갖고 계신 건가요?"

"그분은 단순하게 지식과 지혜의 크기만으로 논할 수 있는 분이 아니야. 나는 그분에 비하면 그저 초라한 사람일 뿐이다."

"그냥 정말 단순 무식하게 딱! 지식의 크기만 놓고 얘기하면요?"

"그게 그리 궁금하냐? 너도 착실하게 정진하다 보면 머지않아 그분을 직접 만날 기회가 생길 터. 그때 네 눈으로 직접 확인해 보아라."

"에이, 스승님. 살짝 만이라도 귀띔해 주십시오. 많은 마테마티코이 가운데 으뜸이신 스승님보다도 피타고라스 님은 진짜로 훨씬 더, 더 지혜로운 분이신가요? 비교도 할 수 없을 정도로요?"

"그 '으뜸'이라는 부담스러운 수식어 좀 그만두지 않겠느냐?"

"이 수식어는 무려 피타고라스 님께서 직접 언급하신 거 아닙니까? 기정사실이란 얘기지요. 실제로 제가 본 마테마티코이 님들 중에선 스승님 같은 분이 없었습니다."

"네가 모든 마테마티코이를 만나본 것도 아니잖느냐. 피타고라스 님이야 그렇게 얘기하실 수 있지만, 네가 그리 떠들고 다녔다간 언젠가 화를 당할 게야."

"왜요?"

"아무리 피타고라스 님께서 말씀하셨다 해도, 다른 마테마티코이들의 기분이 어떻겠느냐? 그들 중엔 야망으로 가득 찬 자들도 있고 말이다."

"아무튼, 그런 스승님조차도 도저히 범접할 수 없는 지식을 갖고 계신 분이란 거죠? 피타고라스 님은?"

"… 물론이다."

"어, 스승님. 지금 살짝 대답을 망설이신 거예요?"

"아무래도 안 되겠다. 오늘 간만에 회초리를 들어서 너의 그 경박스러운 입을 좀 무겁게 다스려야 하겠구나."

"네?! 죄송합니다! 스승님. 이제 이 질문은 다신 하지 않을게요!"

불과 몇 초였지만 분명히 나는 스승님이 망설이는 모습을 보았다. 과연 그것은 무엇을 의미하는 것일까?

V.

날씨가 참 맑군.

나는 지금 피타고라스 님의 부름으로 히파소스 스승님을 따라 피타고라스 학교로 가고 있다.

데모스쿠스 님이 어제 나의 발표를 피타고라스 님께 곧장 보고드렸다지만, 이렇게까지 급작스럽게 일이 전개될 줄은 꿈에도 몰랐다. 긴장으로 몸이 바짝 얼어붙은 나와는 다르게, 스승님은 어느 정도 짐작하고 계셨던 듯 태연한 모습이었다.

"아쿠스마티코이가 피타고라스 님을 직접 뵙는 일은 마테마티코이로 승격되는 때밖에 없지."

"그럼 혹시 스승님. 저 오늘부로 마테마티코이가 되는 겁니까?!"

"허허. 그럴 리가 있겠느냐? 어디까지나 과거에는 그랬다는 얘기다."

오랜만에 온 피타고라스 학교의 입구에는 내가 처음 아쿠스마티코이로 입격된 날 맹세를 한 거대한 테트락티스[3]가 있었고, 그때처럼 나의 시선을 사로잡았다.

---

3   네 개의 층으로 된 정삼각형 피라미드 구조. 신성한 수로 여기던 자연수 10을 형상화한 것.

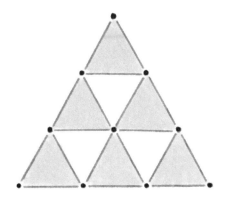

"어서 오시지요. 히파소스 님."

웬 아리따운 여성이 테트락티스 아래서 우리를 맞이했다.

"네, 셀레네 님. 보아하니 어제도 밤새 공부를 하신 모양입니다."

"후훗. 부족한 것이 너무 많다 보니, 잠이라도 줄여야지요. 아, 옆에 계신 분이 바로 그 엘마이온 님이신가 보군요?"

"허허. 셀레네 님은 이제 그리 높여 부르시면 안 됩니다. 저에게도 공대하실 필요 없고요."

"히파소스 님이야말로 말씀을 낮추시지요. 제가 히파소스 님을 높이는 것은 그저 저의 존경의 표현입니다."

"그런 이유라면 저야말로 셀레네 님의 근면성실함을 존경하고 있으니 높여 불러야겠군요. 허허."

"후훗. 농담이 지나치십니다. 아무튼 들어오세요. 안내해 드리겠습니다."

'셀레네'라는 예쁜 여인은 우리를 학교 내 아늑한 서재로 인도했다.

화창한 햇살이 막힘 없이 잘 들어오는 방이었다.

"여기서 기다리시지요. 곧 오실 겁니다."

방 안을 둘러보니 벽장에는 수학 연구서로 보이는 수많은 점토판들이 가득 채워져 있었다. 너무나 귀해서 나 같은 사람은 평소에 보기 어려운 파피루스도 엄청 많았다.

"스승님. 여긴 대체?"

"피타고라스 님의 서재다."

"네? 와. 역시 그렇군요. 생각했던 것보다 훨씬 더 어마어마하네요. 이 많은 게 전부 피타고라스 님께서 쓰신 거예요?"

"그렇다. 피타고라스 님께서 젊은 날 세계 각지를 다니며 모은 지식과 지혜의 정수들이지. 물론 직접 쓰신 것도 많고."

"저 책상 위에 있는 파피루스들은 뭔가요?"

"저건 아마도 피타고라스 님이 후대를 위해 기록하고 있는 수학 서적일 게다. 옆에 정리되어 있는 많은 파피루스가 보이지? 피타고라스 님은 평소 중요한 연구 업적이라 여기는 것들은 저렇게 파피루스에 따로 정리해 두신단다."

"정말 부지런한 분이신가 봐요. 어떤 사람들은 피타고라스 님을 신이라 말하지만, 이 서재를 보니 저는 오히려 인간적인 분으로 느껴지네요."

"그 어떤 사람보다도 더 부지런한 분이시지. 너도 마땅히 본받아야 한다."

"안 그래도 이 서재 안에 있는 것만으로도 연구욕이 마구 샘솟는 기분입니다.”

“연구의 근원은 모름지기 내면에 있는 것이거늘. 평소 게을렀던 핑계를 여기서 찾는 것이냐? 허허 녀석.”

“에이 스승님도 참! 하하. 저… 그런데 스승님. 아까 우리를 안내한 그 예… 여성 분은 뭐 하시는 분인가요?”

“허허. 예쁘면 예쁘다고 해라. 네 마음의 소리가 사방에서 훤히 들리는구나.”

“아하하… 네, 아닌 게 아니라 정말로 제가 근래에 본 가장 예쁜 분이셨습니다.”

“셀레네는 마테마티코이다.”

“네? 아까 그분이 말이에요?”

“그래. 몇 주 전 홀로 우리 학당에 찾아와서 아쿠스마티코이가 되길 청하더니, 입격 후 며칠이 지나서는 바로 마테마티코이로 승격되었지.”

“며칠 만에 말입니까? 그게 가능한 일인가요?”

“내가 뭣 하러 거짓말을 하겠느냐? 안 그래도 마테마티코이들 모두가 단기간에 보여준 그녀의 놀라운 학문적 성과에 감탄을 금치 못하고 있지. 나이도 아마 너와 비슷할 게다. 머리 하나 믿고 게으름을 부리는 네 녀석과는 달리 셀레네는 천재적일 뿐 아니라 부지런하기까지 하단 말이지.”

“대단하네요….”

“겨우 그 말 하나 했다고 주눅 들진 마라. 너 또한 노력하면 충분히 셀레네에게 뒤지지 않을 재능을 타고난 듯하니.”

"주눅이 든 건 아닙니다. 다만 그렇게 단기간에 승격하셨다는 것이 좀 부러워서요. 아하하…. 그런데 보아하니 셀레네 님은 아예 여기에서 사시는 건가 보네요?"

"셀레네는 마테마티코이가 되고서는 곧장 피타고라스 님께 여기서 지내며 공부하고 싶다고 청원을 올렸다. 아마 여기에 있는 수많은 연구 자료를 단 한시라도 곁에서 놓고 싶지 않아서일 테지."

"와, 존경스럽네요. 이러다 조만간 스승님께서도 셀레네 님한테 밀리시는 건 아닙니까?"

"넌 틈만 나면 어리석게도 학문 성취의 높낮이를 비교하려 드는구나. 학문이란 모름지기 스스로가 정진하는 데에 그 의의가 있는 것이지 자신이 아닌 다른 누군가와 견주기 위한 수단이 아니다. 비교하려 해도 할 수도 없고 말이다."

"에이. 그러는 스승님께서도 분명 낮잡아보는 마테마티코이 분들이 있으시잖아요? 어제 데모스쿠스 님은 무식하다고 하셔놓고선. 흐흐."

"어허! 또 말을 조심하지 않고! 나는 궁금함을 마주하지 않고 매 순간 도피하며 스스로 무식해지기를 택하는 이들에게, 그들이 원하는 대로 무식하다 하는 것뿐이지. 어떤 형태로든 스스로 궁금함을 마주해 얻어낸 성취에 대하여 논하는 것이 아니야!"

"… 저는 솔직히 그 성과들도 어느 정도는 높낮이 평가가 된다고 생각합니다. 스승님."

"이런. 엘마이온아. 똑같은 1을 두고서도 누구는 '최초의 양'이라 하고, 누구는 '수의 어머니'라 하며, 누구는 '조화의 근본'이라 하고, 또 다른 누군가는 '생명의 원래 수'라고 한다. 네가 보기엔 이들 사이에 옳고 그름이나 높고 낮음이 있느냐?"

"저에게 1은 그저 '첫 번째 수'일 뿐입니다. 굳이 평가한다면 그저 숫자일 뿐인 1에 그런 사족을 붙이는 행위 자체가 불필요하고 잘못된 것으로 보입니다."

"그건 그저 너의 자만일 뿐이다. 너의 사고대로라면 다른 누군가가 너를 '1을 그저 숫자로밖에 볼 줄 모르는, 편협한 시각을 가진 어리석은 자'라고 비난해도 할 말이 없을 것이다."

"그거야…"

"모두가 자신의 진리만이 선이라고 주장하며 이론의 조화를 거부하면, 결국 그 누구도 더 높은 경지에 이르지 못한 채 아집만으로 가득 찬 끔찍한 세상이 될 것이다. 명심하거라. 학문에 정답이란 없으며, 수학은 더더욱 그러하다. 마찬가지로 진리란 절대적인 것이 아니며, 상대적인 것이다."

그때였다.

"음, 히파소스. 그 가르침은 아직 완전히 성숙하지 못한 제자를 상대로 하기에는 좀 이르지 않을까?"

중후한 목소리의 웬 낯선 남성이 서재에 들어오며 스승님의 말을 가로챘다.

"아, 피타고라스 님."

뭐! 이분이?

"아, 미안. 히파소스. 처음부터 엿들으려고 했던 건 아니었는데. 핫핫."

"아닙니다. 저의 어리석은 언변을 들켜 부끄러울 따름이죠. 여기 앉으십시오. 이 아이가 바로 어제 수의 조밀성을 발표한 저의 제자 엘마이온입니다."

맙소사! 이렇게 갑자기?

뜻밖의 상황에 놀라움과 긴장으로 온몸이 굳어졌다.

지금 내 눈앞에 바로 피타고라스 님이 계신다!

피타고라스와의
만남

I.

"반가워 엘마이온. 내가 바로 피타고라스다."

"네! 이렇게 뵙게 되어 영광입니다!"

"영광은 무슨. 핫핫. 어제 데모스쿠스로부터 너의 발표 내용을 전해 듣고선 아주, 깜짝 놀랐어. 정말 뭐랄까… 근래 발견한 수학 이론 중에선 가히 으뜸으로 꼽아도 손색이 없다는 느낌이랄까?"

"아휴, 아닙니다. 피타고라스님. 그리 말씀해주시니 몸 둘 바를 모르겠네요."

"그래서 말인데, 엘마이온. 내가 오늘 널 급히 부른 이유는 말이야."

"네, 피타고라스 님"

"너. 이참에 마테마티코이가 돼 보는 게 어때?"

"네, 네?!"

"핫핫핫. 그리 놀라지 않아도 돼. 수의 조밀성. 그거 네 스승 도움도 없이 온전히 너 스스로 연구한 거라면서?"

"아, 네. 그렇긴 하지만… 고작 이거 하나로 제가 감히 마테마티코이가 되도 괜찮은 건가요?"

"물론이지. 내가 사람 보는 눈은 아주 정확하니까. 핫핫. 너처럼 소질 있는 아이는 극히 드물어. 히파소스, 엘마이온을 가까이에서 지도해온 너의 생각은 어때?"

"… 아직 미숙한 점이 많은 제자이나, 분명 타고난 수학적 감각은 제가 아는 아쿠스마티코이 중에 으뜸이긴 합니다."

"역시 그렇지? 핫핫핫. 그렇다면 음 혹시… 셀레네와 비교를 한다면?"

"셀레네요? 갑자기 셀레네는 왜…. 뭐, 딱히 누가 더 낫다 말하는 게 의미 없을 정도로 제 눈엔 둘 다 훌륭합니다. 다만, 이 녀석은 셀레네처럼 부지런한 면이 없죠. 다그치며 가르치고 있습니다."

"핫핫핫! 그런 거야 흠이라고 할 수도 없지. 바쁘게 사는 사람들의 수만큼 상대적으로 느슨하게 사는 사람들이 있는 건 아주 자연스러운 일이잖아?"

고작 몇 마디 대화를 주고받은 것뿐이지만, 피타고라스 님은 정말 사람을 끌어당기는 매력이 대단한 분이라는 게 느껴졌다. 사람 성격이 저렇게 호탕하고 매력적일 수도 있는 거구나.

"자 그럼 다시 본론으로 돌아와서. 엘마이온 어때? 너의 스승도 너의 자격을 어느 정도 보증해줬다고 보는데. 마테마티코이, 해 보겠어?"

"저, 저야 당연히 영광이죠! 정말로 몸이 부서져라 최선을 다해서 정진하겠습니다!"

피타고라스 님께서는 얼굴 가득히 부드러운 미소로 나의 패기 넘치는 대답에 화답하셨다.

"좋아! 그럼 한 사흘 정도면 넉넉하려나?"

"네? 어떤 게 말입니까?"

"연구 내용 정리해 오는 거. 네가 이번에 발표했던 수의 조밀성."

"아, 발표한 내용을 정리해서 가져오면 되는 건가요?"

"몰랐어? 마테마티코이로 승격되려면 우리 학파에 연구 내용을 기증해야 한다는 거."

"네? 기증이요?"

"허어…. 보아하니 정말로 처음 듣는 눈치인 거 같은데? 에이, 히파소스. 어떻게 여태 우리 학파의 기본적인 규율도 알려주지 않은 거야?"

"… 죄송합니다. 엘마이온은 아쿠스마티코이로 입격된 지도 얼마 안 됐기 때문에, 아직 마테마티코이로의 승격은 먼 얘기일 거라 생각해서 알려주지 않았습니다."

"에이 뭐, 죄송할 거까지야. 이제 알려주면 된 거지 뭐. 핫핫핫. 아무튼 엘마이온. 시간은 어때? 사흘 정도면 괜찮겠어?"

"아, 네! 사흘이면 충분합니다!"

"좋아 좋아. 아주 마음에 들어. 음… 지금 내가 기록 중인 게 빠르면 내일 중으로 완성될 거 같으니까, 엘마이온. 너도 정리가 끝나는 대로 바로 나에게 가져다줘."

"네! 알겠습니다. 그럼 혹시 제 연구 내용도 저 파피루스에 기록되는 건가요?"

"물론이지. 기록되다마다. 핫핫. 기록될 뿐 아니라 다음 마테마티코이 강연 때는 자료로도 좀 쓸까 하는데?"

"와… 정말 영광입니다. 고작 제가 연구한 내용 따위가…."

"파피루스는 얼마든지 있으니까 앞으로도 많이, 아주 열심히 연구하도록 해 봐. 필요한 게 있으면 언제든지 말하고."

"네! 피타고라스 님!"

기분이 날아갈 것만 같았다. 과연 스승님의 말씀이 옳았다. 피타고라스 님은 정말 그동안 기대했던 것 이상의 분이시다. 이분과 함께라면, 이분을 위해서라면 열 개든 백 개든 연구 성과를 쭉쭉 뽑아내 보여드리리라.

"자아. 그럼 오늘은 이쯤 할까? 엘마이온의 마테마티코이 승격식은 다음 주 중에 날을 한번 잡아보자고. 히파소스가 좀 맡아서 수고를 해 줘."

"네… 알겠습니다."

"그럼 이제 다들 일어나도록 하지! 엘마이온. 오늘 처음 봤지만 미리 축하한다. 진정한 우리 학파의 일원이 된 걸."

"영광입니다! 앞으로 잘 부탁드리겠습니다. 피타고라스 님!"

피타고라스 님은 자애로운 미소를 지어 보이시곤 방을 나갔다. 가슴 깊숙이 벅차오름이 느껴지며 내 심장은 두근두근 뛰었다.

II.

미칠 듯이 환호성이라도 지르고 싶은 나와는 다르게 스승님의 표정은 그다지 좋아 보이지 않았다. 스승님은 내가 마테마티코이가 되는 것이 영 미덥지 않으신 걸까?

"스승님! 걱정하지 마십시오. 저 이제 정말 부지런해지고, 스승님의 제자로서 절대 부끄럽지 않도록 성장하겠습니다."

"엘마이온…"

"네. 스승님."

"넌 먼저 집에 돌아가 있으려무나. 난 아무래도 피타고라스 님과 얘기를 좀 하고 가야 할 것 같다."

"네? 아… 네."

말이 끝나기 무섭게 스승님은 뒤돌아서 빠른 걸음으로 다시 피타고라스 학교로 향하셨다. 무슨 일이시지? 정말로 내가 마테마티코이가 되는 게 못내 마음에 걸리시는 걸까? 아무리 내가 그동안 살짝 게을렀기로서니 그게 그토록 미덥지 못한 일이란 말인가?

아니, 애초에 스승님의 부지런함의 기준이 너무 높은 거라고! 나도 어지간한 사람들에 비해서는 꽤 부지런한 편이란 말이다.

그리고 분명 피타고라스 님도 그 점은 크게 중요치 않다고 말씀하셨다. 그분께서는 그보다는 나의 재능을 높이 평가하셨고 이는 스승님께서도 인정하셨잖은가?

난 앞으로 정말 열심히 할 자신이 있는데! 이대로 마테마티코이가 될 기회를 놓쳐버릴 수는 없다.

이런저런 생각에 이르니 나의 발길은 어느새 다시 피타고라스 학교로 향하고 있었다. 그래, 가서 스승님을 설득해 보는 거야. 정말 간절히 말씀드리면 마음을 돌리실지도 몰라.

헐레벌떡 다시 학교로 돌아오니 점토판을 읽고 계시는 셀레네 님이 눈에 들어왔다.

"어? 엘마이온 님? 왜 다시 오신 건가요? 그렇게 급하게… 뭐 놓고 가신 거라도 있나요?"

"셀레네 님! 혹시 스승님께서는 안에 계신가요?!"

"히파소스 님이요? 네, 방금 피타고라스 님의 서재로 들어가셨습니다."

"이런, 늦었구나! 혹시 제가 두 분 계신 곳에 멋대로 들어가서는 안 되는 거겠죠?"

"당연히 상당한 결례겠죠. 무슨 문제라도 있으신 건가요?"

"이런…"

"?"

"셀레네 님. 혹시 스승님께서 피타고라스 님과 무슨 얘기를 하겠다고 말씀하진 않으셨나요?"

"그건 저도 모릅니다. 급하게 들어가시기에 여쭤볼 경황도 없었고요. 그리고 보니 표정이 좀 안 좋아 보이시긴 했습니다만…"

"역시… 아, 이거 정말 큰일이네요!"

"대체 무슨 일이기에 그러시는 건가요?"

"이유를 말씀드리긴 좀 곤란한데. 셀레네 님. 염치 불고하지만, 저를 좀 도와주실 수 있나요?"

"무슨…?"

"셀레네 님은 마테마티코이잖습니까? 더군다나 피타고라스 님의 총애도 받고 계신다 들었습니다. 셀레네 님이 저를 좀 두 분이 계신 서재로 데려가 주십시오! 두 분에게 꼭 말씀드려야 할 이야기가 있습니다. 저 혼자 들어갈 수야 없지만, 셀레네 님과 동행이라면 가능하지 않겠습니까?"

"… 불가능한 것은 아니지만 대체 무슨 이야기시길래 그러는지 저에게도 말씀해주시지요. 그렇지 않으면 부탁은 못 들은 걸로 하겠습니다."

달리 방도가 없던 나는 셀레네 님에게 자초지종을 설명했다. 마테마티코이로 승격될 기회가 주어진 것과 아마도 스승님은 이를 반대하기 위해 들어가셨을 거라는 이야기까지.

"후훗. 엘마이온 님이 걱정하시는 일은 아마도 없을 겁니다. 히파소스 님은 평소에도 엘마이온 님을 매우 기특해하셨거든요. 이미 마테마티코이들 사이에서도 엘마이온 님의 이름은 유명할 정도랍니다."

"아닙니다. 셀레네 님은 잘 모르십니다. 스승님은 언제나 저를 부족하다며 다그치기만 하셨습니다. 분명 피타고라스 님께도 제가 아직은 자격이 되지 않는다고 말씀하실 겁니다!"

"그렇다면 자격이 있다고 생각하시는 건가요? 엘마이온 님 스스로는?"

"그야 지금은 많이 부족하지만… 앞으로 정말 그 누구보다 열심히 할 자신만은 충분히 있습니다."

"후훗. 알겠습니다. 그럼 따라오시지요. 일단은 모셔다드리겠습니다. 하지만 그 이후로는 엘마이온 님이 하시기 나름입니다."

"정말로 감사합니다! 셀레네 님!"

셀레네 님을 따라 피타고라스 님의 서재로 걸어가는 동안, 정말 머리가 터질 듯이 복잡해졌다. 온갖 생각이 한꺼번에 휘몰아치며 머릿속이 온통 새까맣게 칠해지는 것만 같았다. 안에 들어가면 대체 무슨 말부터 꺼내야 하지? 일단 다짜고짜 무릎이라도 꿇을까?

서재에 가까이 오니 스승님과 피타고라스 님의 목소리가 들려왔다. 더 가까이 가니 이내 말소리가 선명하게 들려왔다.

"대체 그렇게 서두르는 이유가 뭐야?"

스승님의 목소리였다.

"말했잖아. 서두르는 게 아니라 난 그저 가능성 있는 아이들에게 기회를 주는 것뿐이라고."

"그런 같잖은 이유로 은근슬쩍 넘어가려 하지 마. 내가 그 정도 눈치도 없을 것 같아?"

아니. 대체 이게 무슨 상황이지? 격양된 목소리의 스승님은 피타고라스 님을 쏘아붙이고 있었다. 더군다나 반말로! 도저히 믿기지 않는 상황이 안에서 벌어지고 있다.

("엘마이온 님… 아무래도 안의 상황이 우리가 들어갈 만한 분위기는 아닌 것 같네요.")

("그, 그러네요. 대체 무슨 상황일까요?")

("이만 우리는 자리를 피하도록 하죠.")

("아니 저, 셀레네 님! 저 두 분의 얘기를 조금만 더 들어보면 안 되겠습니까? 부탁드립니다.")

("왠지 우리가 더 들어서는 안 될 대화인 것 같습니다만.")

("셀레네 님도 궁금하지 않습니까? 지금 저 안의 분위기가?")

("…")

Ⅲ.

"쓰읍. 거 목소리 좀 낮추지 않고? 그렇게 막 얘기하다 밖에서 누가 듣기라도 하면 어쩌려고 그래?"

"까짓것 들으라지. 너야말로 요새 너무 막 나가는 거 아니야? 안 그래도 불만 있는 마테마티코이들이 많아! 셀레네의 승격으로 가뜩이나 가득 찬 분노도 아직 채 사그라지지 않은 상황이라고."

"너도 그때 동의했었잖아?"

"물론 셀레네의 능력은 출중하지! 나도 그 이유를 들어서 녀석들의 흥분을 간신히 가라앉힌 거고. 그런데 문제는 말이야. 그 일이 있고 얼마 시간이 지나지도 않았는데 또다시 같은 일을 벌이면 어쩌자는 건데? 자칫해서 마테마티코이들이 단체로 폭발이라도 하면?!"

"핫핫. 그럴 리가 있나. 이번에도 내 친구인 네가 으뜸의 자리에서 잘 중재해 주겠지."

"지금 농담할 상황 아니야. 엘마이온이 아니라 설령 셀레네의 쌍둥이라고 해도 이번엔 안 돼. 그때 일로 이미 마테마티코이 중에서 나를 따돌리는 놈들도 생겨났다고! 이젠 나도 중재고 뭐고 할 여력이 없어!"

"…"

"이번 일은 없던 걸로 해. 엘마이온에게도 분명히 봉변이 들이닥치게 될 거야. 보나 마나 내가 너를 꼬드겨서 실력도 되지 않는 자신의 제자를 억지로 승격시켰다는 소문도 퍼질 거고!"

"…"

"너 설마… 마테마티코이들의 분노를 나에게로 돌리려는 수작은 아니겠지?"

"에이, 그럴 리가 있나? 내가 너를 팔아서 무슨 이득을 본다고?"

"그럼 대체 뭘 그리 서두르는 건데? 좀 터놓고 얘기를 해 봐. 나도 뭐 납득이 가야 너를 옹호하든가 말든가 하지."

"…"

안에서 한동안 정적이 흘렀다.

"후우. 그래 말해줄게. 네가 이렇게까지 날 몰아세울 줄은 몰랐네."

"얌마. 내가 오죽하면 이러겠냐?"

"히파소스…. 너는 그저 맘 편히 고상한 수학자 역할만 하고 있어도 되지만 난 아니야."

"무슨 뚱딴지 같은 소리야, 그게?"

"요즘 우리 피타고라스학파 인원수가 급증하는 건 너도 알고 있지?"

"그래. 덕분에 너는 엄청나게 유명해지고 있고, 근래 들어서는 정치권도 너에게 굽실대고 있다고 들었다."

"에이, 거 모처럼 진지한 얘기하려는데 비꼬기나 하고…. 내가 그런 정치질이나 권력 따위 탐낼 사람으로 보여? 아니, 사모스섬[1] 사건[2]도 같이 겪은 사람이 나를 그렇게 모르나?"

"… 계속 얘기해 봐."

"히파소스. 나는 우리 피타고라스학파를 지키고 싶은 거야."

"갑자기 그건 또 무슨 소리야?"

"대답해 봐. 우리 학파의 제1 가르침이 뭐지?"

"만물의 근원은 수다."

"그래. 우리 학파가 내부적으로도 외부적으로도 신성시되는 가장 큰 이유가 바로 그 수의 신비함 덕분이지. 수란 자연의 섭리를 해석하는 열쇠이며, 우리들은 그 열쇠를 인간 세상에 전파해주는 신의 사도들이라는 인식. 그것이 바로 바깥세상이 우리들을 보는 시선이고."

"넌 어떻게 매번 그런 오그라드는 얘기를 잘도 하냐? 아무튼, 그래서?"

---

1 피타고라스의 출생지.

2 피타고라스는 사모스섬의 독재자였던 폴리크라테스의 폭정을 견디다 못해, 38세 무렵 사모스섬을 떠나 크로토네(이탈리아 남부에 위치)로 피신했다. 그리고 그곳에서 피타고라스학파를 설립하였다.

"그런데 만약에 말이야. 이 수라는 것이 알고 보니 자연의 섭리를 담아낼 수 없는 거였다면? 까놓고 보니까 피타고라스학파의 가르침은 온통 거짓 위에 세워진 것들뿐이었다는 소문이 돌게 되면 무슨 일이 벌어질까?"

"… 뭐?!"

"히파소스, 너 예전에 셀레네가 마테마티코이로 승격될 당시 제출했던 연구서. 아직 안 읽어 봤지?"

"안 읽은 게 아니라, 나는 읽고 싶었는데 그때 네가 못 읽게 했던 거지."

"앉아 있어 봐. 갖고 올게."

미칠 듯이 흥미로운 대화가 안에서 들려오고 있었다. 어느새 걱정으로 혼란스러웠던 머리는 차분해진 지 오래였고 나는 안에서 들려오는 두 분의 대화에 깊이 빨려 들어갔다. 그건 내 옆에 있는 셀레네 님도 마찬가지인 듯했다.

"자, 이게 그 연구서야."

"나 참. 이렇게 쉽게 보여줄 거면 그때는 왜 막았던 거야?"

"어서 읽어 보기나 해."

그 후로 방 안에선 다시 오랜 시간 정적이 흘렀다. 나와 셀레네 님은 침 삼키는 소리마저 죽여 가면서 조용히 다음에 나올 대화를 기다렸다. 어느 정도 시간이 흘렀을까? 한참 만의 정적을 깬 건 스승님의 목소리였다.

"다 읽었다."

"어때? 읽어 본 소감이."

"너, 이거…."

"왜 내가 그때 셀레네를 급히 마테마티코이로 승격시킨 건지 이제 좀 알겠어?"

"설마… 이 내용이 밖으로 퍼지는 걸 막으려고?"

"그래. 당시의 나로서는 그것만이 최선이었어. 마테마티코이들의 반발이 있을 건 당연히 예상했지만 이건 그것보다 훨씬 더 중요한 문제였지."

"셀레네를 마테마티코이로 임명해서 입막음을 한 것이다? 마테마티코이가 된 이상 이후로도 그녀의 모든 연구 내용은 너의 검토를 거치게 될 거니, 셀레네 한 명만 잘 감시하면 모르는 새에 외부로 발설될 일도 없을 테고. 그래서 그 아이가 이 학교에 머물고 싶다고 했을 때, 곧바로 전임자를 해고하고선 시중을 맡겼던 거로군?"

"운이 좋았지."

"허, 참. 혼란스럽네. 피타고라스, 우리는 학파잖아? 이런 엄청난 이론일수록 오히려 더 공론화시켜야 되는 거 아냐? 난 너의 지금 행동이 그저 학문 발전을 가로막는 행위로밖에 안 보이는데?"

"아니. 우리 피타고라스학파를 지키는 행위지."

"… 도통 납득이 안 되네? 그래! 만약에 이 내용이 사방에 퍼져서 그동안 우리가 연구했던 이론 체계가 무너지고, 최악의 경우에 네가 우려하는 것처럼 우리 학파가 무너지게 될 수도 있다 쳐. 그런데 피타고라스. 우리는 말이야. 학자들이야. 진리를 좇는 사람들이라고. 이런 놀라운 이론이야말로 감출 것이 아니라 세상에 알리고 더 발전시킬 생각을 해야지. 애초에 그런 목적에서 학파를 창설했었던 거였잖아! 학문에 대한 목적을 잃은 학파가 대체 무슨 소용인데?"

"셀레네의 이론은 아직은 어디까지나 가능성 단계일 뿐이야. 실제로 아직까지는 그 어떠한 사례도 발견되지 않았고."

"아니 그러니까 이 친구야. 더욱 많은 사람들의 머리를 모아서 그 사례를 찾아봐야 할 거 아니냐는 말이야. 숨길 것이 아니라! 정 바깥으로 퍼지는 게 껄끄러운 거면 최소한, 마테마티코이들에게만큼은 알렸어야지!"

"아아… 그래 알아. 히파소스. 나도 그 생각을 안 해본 게 아니라고."

"… 너, 솔직하게 말해. 사람들이 너에게 실망할까 봐. 지금 그게 무서운 거지? 그동안 사람들이 너를 신이라고 떠받들어 주니까, 진짜 교주 놀이에 심취하기라도 한 거야?"

잠시 팽팽한 침묵이 흘렀다. 곧 나직이 가라앉은 피타고라스 님의 목소리가 들렸다.

"히파소스, 너 말이 좀 심하다?"

"그런 게 아니면 대체 뭐야? 솔직히 네 행동은 피타고라스학파를 지키겠다는 의도보단 그동안 네가 쌓아온 명성과 권력을 지키고 싶다는 욕망으로밖에 보이지 않아. 내 말이 틀려?"

"그래! 설령 그렇다고 치자! 그럼 우리 학파의 다른 마테마티코이들은 어쩌고? 너도 알다시피 걔들 중에는 나중에 정치권에 진출할 꿈을 품고 들어온 애들도 많아! 너는 꼭 그렇게 우리 학파의 명성을 나락으로 떨궈서 애꿎은 애들 꿈까지 죄다 좌절시켜야 속이 시원하겠어?!"

"아니, 대체 우리 피타고라스학파가 뭔데? 대체 왜 그런 것까지 신경 써야 하냐고? 우리가 무슨 정치 집단이야? 학자 집단 아니었어? 네가 생각하는 우리의 정체성은 대체 뭐야?"

"지금은 둘 다지!"

"허… 너무 당당하게 말하니까 내가 할 말이 다 없어진다."

"미안하다, 히파소스. 너의 마음도 모르는 건 아니다만, 어떻게, 이번 한번만 더 나 좀 도와다오. 친구로서 부탁할게."

"후우… 이제서야 그동안의 네 행동에 대한 의문이 싹 풀리네. 그런 이유로 엘마이온도 무리해서라도 승격시키려 한 게로군? '수의 조밀성'을 너의 이론이라 발표해서 학파의 가르침, 아니 너의 가르침을 더욱 정당화하려고. 어차피 사례가 발견되지 않은 셀레네의 이론은 가능성 단계일 뿐이니 이후에 만약 알려진다 하더라도 이미 '수의 조밀성'이 대중의 인식에 깔린 마당이라 큰 동요도 일어나지 않을 테고 말이지?"

"… 부정하진 않겠어."

"잠깐만 생각 좀 하자. 후우….

대체 안에서 두 분이 무슨 얘기를 나누고 있는 거지? 뭔가 엄청난 얘기를 들은 것 같고, 나도 그 이야기에 작지 않은 역할을 하는 것 같은데, 셀레네 님의 연구 내용이란 걸 알 수가 없으니 전체적인 맥락이 파악되지 않아 답답했다.

(저기, 셀레네 님. 저 두 분의 대화가 도통 이해가 되지 않아서 말입니다. 셀레네 님의 이론이란 건 대체 무슨 내용인가요?)

("지금은 아마도 알려드리지 않는 것이 엘마이온 님을 위하는 일일 것 같네요….")

("네? 그게 무슨?")

("일단은 좀 더 두 분의 이야기를 들어보도록 하죠. 조용히.")

("아, 네….")

그로부터 또 한동안의 정적이 흘렀다. 오랜 시간 쪼그려 앉아 있어서 피가 흐르지 않은 탓인지 다리가 저릿저릿해 왔다. 하지만 차마 맘대로 자세를 고쳐 앉을 수도 없었다. 조그만 소리라도 났다간 안에서 우리의 존재를 눈치챌 것만 같았기 때문이다.

"피타고라스."

다행히 안에서 다시 대화가 시작되었다. 그 틈을 타서 나는 급하게 자세를 고쳐 앉았다.

"어."

"이렇게 하자. 일단 엘마이온의 이론은 정리되는 대로 내가 너에게 가져다줄게. 그리고 내가 책임지고 엘마이온의 입도 막을 테니까 엘마이온의 마테마티코이 승격 일은 없던 거로 하자."

뭐? 내가 지금 스승님의 말을 잘못 들었나?

"마테마티코이로 승격되지도 않는 마당에, 자기 이론이 내 이름으로 공표되는 걸 엘마이온이 그대로 보고만 있겠어?"

"내가 입막음 하겠대도. 일단 나한테 맡겨. 지금 상황에서 엘마이온을 마테마티코이로 승격시키는 거야말로 당장에 우리 학파를 분열시키는 짓이야. 그러게 너는 왜 이런 큰일을 상의도 안 하고 멋대로 진행하고 그래?"

"미안하다… 고맙고."

맙소사. 이렇게 나의 마테마티코이 승격 기회는 허무하게 물 건너가 버리는 것인가? 정신이 멍해졌지만 내 두 귀로 두 분의 대화는 계속해서 들려왔다.

"근데 셀레네는 어쩔 거야? 아직까지야 사례가 발견되지 않았다지만, 만에 하나라도 셀레네가 사례를 찾아내기라도 하면?"

"못 찾기를 바라야지. 만약 찾아내면 어떻게 할지도 나름대로 생각 중이고."

"뭐 좀 가닥 잡히는 거라도 있어?"

"…"

"너…, 설마 나쁜 마음 먹는 건 아니지?"

"뭐? 핫, 푸핫핫! 야야 히파소스. 너 오늘 나를 너무 몰아붙이는 거 같은데? 살살 좀 해, 이 친구야. 무서워지려 그런다."

"무서운 건 너야. 오랫동안 널 알아왔지만 요즘의 넌 도통 종잡을 수가 없어. 명심해. 우리는 학자야. 나는 나대로 셀레네의 이론에 반박할 근거를 연구할 테니 너도 노력해 봐. 그리고 말이야, 만약에."

"만약에?"

"셀레네가 사례를 찾아내서 새 이론을 받아들여야만 하는 상황에 놓이게 되면, 설령 네 자존심을 버린다 하더라도 나는 네가 옳은 길을 선택하길 바란다. 떨어진 자존심이야 노력으로 언제든지 회복시킬 수 있지만, 한 번 어긋나버린 신념을 되돌린다는 건 지극히 어려운 일이니까."

"핫핫. 나 원 참…. 네, 알겠습니다. 위대하신 히파소스 님. 분부대로 하죠."

"그럼. 난 이제 간다. 이삼일 후에 엘마이온의 연구 자료 갖고 다시 올 테니, 그때 이어서 얘기해."

"그래. 엘마이온에게는 잘 말해주고. 부탁한다."

부랴부랴 나와 셀레네 님은 자리를 벗어날 준비를 했다.

"아! 그리고 피타고라스."

"아, 왜 또?"

"… 노파심으로 하는 얘기긴 한데, 난 말이다. 우리 피타고라스학파 가 최소한, 수학을 하는 '종교 단체'가 되지만은 않기를 바란다."

"나 참, 오늘 별의별 얘기를 다 하네. 이봐, 히파소스. 너 대체 나를 뭐 라고 생각하는 거야? 나 말이야 나, 지혜를 사랑하는 자. 피타고라스인 거 몰라?"

Ⅳ.

("셀레네 님! 잠시만!")

셀레네 님과 급하게 이동하던 중 갑자기 눈앞이 깜깜해지고 정신도 아찔해졌다. 나는 깜짝 놀라 주춤거렸다.

("엘마이온 님. 머뭇거리지 말고 빨리 와요!")

("잠깐만요. 저 지금 움직일 수가…")

("아이. 참!")

셀레네 님은 눈앞이 깜깜해진 나를 재빠르게 어딘가로 잡아끌었다. 그러고 나서 급히 문이 닫히는 소리가 들렸다. 어떻게 된 거지? 상황을 파악한 건 시야가 돌아오고 난 후였다.

("셀레네 님, 여긴?")

("쉿! 조용히!")

나는 어떤 방에 들어와 있었다. 아무래도 셀레네 님은 기지를 발휘해서 복도에 가만히 서 있던 날 바로 옆에 있는 방으로 끌고 들어온 모양이었다.

이윽고 복도에서 스승님의 발소리가 들렸다. 다행히 우리는 들키지 않았고, 발소리는 서서히 멀어져 갔다.

"휴우, 셀레네 님 덕분에 살았네요. 큰일 날 뻔했어요."

"갑자기 거기선 왜 멈춰 선 거예요?"

"그러게요. 너무 오래 쪼그려 앉아 있어서 그랬나? 갑자기 눈앞이 깜깜해지고 정신이 아찔해졌어요."

"엘마이온 님 보기와는 달리 몸이 너무 허약하신 거 아니에요?"

"아닌데. 저 무지 건강한 편인데… 셀레네 님은 괜찮으세요?"

"저는 멀쩡합니다. 저마저 주춤했으면 우리 둘 다 큰일이 났을걸요?"

"죄송합니다. 저도 이런 적은 처음이라서 무척 당황스럽네요. 순간적으로 정신을 놓으면 기절이라도 할 것 같았어요. 귀도 막 섬찟섬찟했고요."

"지금은 괜찮으시고요?"

"네, 지금은 멀쩡해요. 대체 뭐였지? 다시는 경험하고 싶지 않은 불쾌한 느낌이었네요."

"혹시…"

"네?"

"그 증상이 일어난 게 오늘이 처음이세요? 그전에는 이랬던 적 없었고요?"

"네. 그래서 저도 되게 황당한 거예요. 고작 그거 쪼그려 앉아 있었다고 이러는 건가 싶어 창피하기도 하고. 하여튼 죄송합니다."

"저기 그러면 혹시…"

"네, 말씀하세요."

"만에 하나이긴 하지만, 혹시 최근에 자다가 엄청 생생한 꿈을 꾸신 경험이 있으신지요?"

"네?"

"이상하게 들리실 수도 있겠습니다만. 혹시 요 며칠 사이에 실제처럼 느껴지는, 꿈이 아니었던 것만 같은 꿈을 꾼 경험이 있으신가 해서요."

"어…? 그걸 어떻게?"

"맙소사…!"

"어떻게 아셨어요? 지금도 기억하려 들면 거의 다 생생히 떠오를 정도의 꿈이었죠. 와, 셀레네 님. 그저 똑똑하시기만 한 것이 아니라 약간신기 같은 것도 있으신가 봐요."

71

그 순간, 복도에서 또다시 발걸음 소리가 울려왔다. 아마도 피타고라스 님이 서재에서 나와 이쪽으로 걸어오시는 모양이었다.

("안 되겠어요, 셀레네 님! 저는 먼저 저쪽 창문으로 나가볼게요.")

("네? 그냥 여기 가만히 계시면 지나가실 것 같은데요?")

("여기서 더 지체할 시간이 없어요. 아까 지나가신 히파소스 님보다 빨리 집에 들어가 있으려면 서둘러야 하거든요. 셀레네 님은 여기에서 기다리다가 상황을 피하도록 하세요. 죄송합니다. 괜히 저 때문에.")

("아니에요. 그보다도. 방금 했던 얘기 나중에 꼭 다시 이어서 하도록 해요. 지금은 어서 뛰어가 보시고요.")

("네. 그럼 먼저 가 보겠습니다. 다음에 봐요!")

Ⅴ.

한순간도 쉬지 않고 지름길로 달려왔더니 다행히도 스승님보다 먼저 집에 도착했다. 차오르는 거친 숨을 몰아쉬며 바닥에 주저앉아 오늘 있었던 일을 하나하나씩 곱씹어 보았다.

정말 너무나도 많은 일이 있었다. 꼭 한번 뵙고 싶던 피타고라스 님을 실제로 만나서 대화도 나누었고, 생각지도 못하게 마테마티코이로 승격할 기회까지 얻었다.

그리고 학교로 되돌아갔던 스승님을 따라가 피타고라스 님과의 대화를 엿들은 결과 스승님은 피타고라스 님과 친구 사이라는 걸 알게 되었다(그것도 아주 막역한). 두 분 사이에 많은 이야기가 오갔지만, 아무래도 내가 마테마티코이로 승격되는 건 불가능해 보였다. 단순히 내가 스승님을 설득한다고 해서 되돌릴만한 일도 아닌 듯 싶었다.

또한 두 분의 대화를 전부 다 알아들을 수는 없었지만, 아마도 나의 이번 발표 내용은 피타고라스 님과 피타고라스학파에 매우 도움이 되는 것 같고, 셀레네 님이 앞서 기증하셨다는 연구 내용은 피타고라스학파에 위협이 되는 것 같다. 대체 무슨 내용이기에 그런 걸까?

그리고 학교를 빠져나오던 중에 생전 처음 겪는 이상한 증상을 겪었는데, 놀라운 점은 셀레네 님께선 마치 전부터 알고 있던 증상인 것처럼 말씀하셨다는 거다. 심지어 내가 최근에 현실 같은 생생한 꿈을 꿨다는 사실까지도 알아맞혔다.

셀레네 님은 그 증상에 대해 다음에 더 얘기하자고 했지만, 안타깝게도 아쿠스마테코이인 나는 스승님과 동행하지 않으면 독단적으로 피타고라스 학교에 들어갈 권한이 없다.

이런저런 생각을 하다 보니 어느덧 거친 숨도 가라앉았다. 그리고 멀리서 스승님이 오는 소리가 들려왔다.

"엘마이온. 안에 있느냐?"

"네, 스승님."

스승님은 마치 내일 세상이 무너질 거라는 계시를 받은 예언자처럼, 수심 가득 찬 얼굴로 느릿느릿 안으로 들어오셨다.

여러 충격적인 일을 겪은 탓에 나도 제정신은 아니었지만, 스승님의 얼굴을 마주하니 안타까움과 동시에 웃음이 새어 나왔다. 나를 어떻게 실득시켜야 할지 무척 고심하고 계실 테지. 기왕 이렇게 된 거, 차라리 내 쪽에서 먼저 말을 꺼내는 편이 좋겠다는 생각이 들었다.

"저기 스승님. 저 말입니다."

"어, 어, 그래. 무슨 일이냐?"

"저기… 제가 집에서 가만히 생각해 보았는데요, 아직은 말입니다. 제가 마테마티코이로 승격될 때가 아닌 듯싶습니다. 그래서 말인데요. 혹시 스승님께서 피타고라스 님께 승격을 다음으로 미뤄달라고 요청해 주실 수 있으신지요?"

스승님은 깜짝 놀라 눈을 크게 뜨고 말씀하셨다.

"뭐? 갑자기 그게 무슨 말이냐?!"

"음, 그게 말이죠. 사실 지금 이 상태로 마테마티코이가 된들 다른 분들과 실력 차이로 밀릴 게 뻔하고요. 아무리 혼자서 죽을 등 살 등 노력한다고 하더라도 지금처럼 스승님 밑에서 가르침을 받는 만큼 성장할 수 있을지도 잘 모르겠고요. 뭐, 터놓고 말해서 셀레네 님처럼 밤낮없이 정진할 자신도 없고요. 하하하…"

"나 원, 녀석. 아까 피타고라스 님 앞에서는 그리도 자신만만해하더니? 그렇게 손바닥 뒤집듯 태도를 바꿔도 될 만큼 이게 그리 가벼운 일인 줄 아느냐?"

"에이, 그리고 솔직히 스승님께서도 제가 승격되어서 같이 안 살게 되면 무척 심심하실 거 아닙니까? 결혼도 안 하신 우리 스승님 밥은 누가 차려주며 청소는 누가 합니까? 하하하."

"지금 그게 이런 중대한 사안을 얘기하는 데서 할 소리냐? 에라이, 이 녀석."

"흠. 혹시 이미 피타고라스 님께서 한번 결정하신 것이기 때문에 번복할 수 없는 걸까요?"

"그런 것은 아니다. 그리고 나 역시 네가 아직은 마테마티코이가 되기에는 시기상조라 생각하던 차였다. 다만, 너의 태도가 너무 갑자기 달라져 내가 좀 당황스러울 뿐이지."

"하하… 아까는 그토록 뵙고 싶었던 피타고라스 님을 실제로 뵈어서 제가 너무 들떠버렸던 것 같습니다. 곰곰이 생각하니 아무래도 기대보다는 걱정이 많이 앞서더라고요."

"녀석… 그래 알았다. 내가 피타고라스 님께 잘 말씀드려보마."

말씀은 차분하게 하고 계셨지만, 눈에 띌 정도로 밝아진 스승님의 얼굴을 보며 나는 다시 한번 새어 나오는 웃음을 꾹 눌렀다.

비록 마테마티코이로 승격되지는 않더라도, 이번 발표 주제였던 수의 조밀성에 대한 연구 기록은 많은 마테마티코이들이 쓸 수 있게 기증하고 싶다는 의사 또한 스승님께 전했다.

어차피 기증해야 할 운명이라면 타의에 의해 억지로 하느니 내 발로 하는 것이 속 시원할 테고, 연구는 앞으로 얼마든지 하면 그만이니 딱히 아쉬울 것도 없었다. 물론 스승님은 짐짓 태연한 척하셨지만, 더없이 반가운 얼굴로 이를 받아들이셨다.

그렇게 혼란스러웠던 오늘 하루는 작은 아쉬움 그리고 풀리지 않은 여러 의문점을 남긴 채 흘러갔다.

이치에
어긋나는 수

I.

"스승님, 찾았습니다! 496이에요!"

"웬 호들갑이냐? 무슨 일이야?"

"세 번째 완전수[1] 말이에요! 존재했습니다! 496이 바로 세 번째 완전수예요!"

"오오. 정말이냐? 확실한 거야?"

"네. 여러 번 검토했습니다! 여기 보십시오!"

"어디, 어서 보자꾸나!"

"여기 이렇게 496을 소인수분해[2] 하면 $496 = 2^4 \times 31$입니다. 다시 말

---

1 자기 자신을 제외한 양의 약수를 더한 값이 원래의 수가 되는 양의 정수. 첫 번째 완전수는 6으로, 6의 약수인 1, 2, 3을 더하면 1+2+3=6이 된다. 마찬가지로 두 번째 완전수는 28이다.

2 합성수를 소수의 곱으로 나타내는 방법. 예를 들어 6=2×3, 12=2^2×3이다. 합성수란 둘 이상의 소수를 곱한 수를 말한다.

해 496보다 작은 496의 약수는 1, 2, 4, 8, 16, 31, 62, 124, 248이고, 그 총합은 1+2+4+8+16+31+62+124+248=496이에요!"

나의 풀이 과정을 처음부터 다시 쓱 훑으시던 스승님은 풀이에 오류가 없음을 확인하시곤 웃음을 터뜨리셨다.

"허허허! 네가 또 해냈구나! 소수[3]의 개념, 소인수분해라는 놀라운 방법을 고안해낸 것으로도 모자라 그동안 없을 것으로 여겼던 세 번째 완전수도 찾아내다니! 허허허. 정말 이젠 네가 나를 가르쳐야 할 것 같구나! 엘마이온."

"그냥 요즈음 딱히 떠오르는 연구 소재가 없어 30부터 하나하나 소인수분해를 해보면서 시간을 때우고 있었거든요. 그런데 이게 웬걸! 저도 찾아내고 나서 깜짝 놀랐습니다."

"정말이지 너의 그 소인수분해라는 방법은 대단한 기법이다. 너는 필시 꿈에서 수학의 신을 영접했던 게지!"

"아하하."

수학의 신이라….

사실 몇 개월 전에 꾼 생생한 꿈속에서 나는 지금의 수학 수준과 비교도 안 될 만큼 발전한 수학 지식을 공부하고 있었다.

중학생이라는 학생 신분이었던 시절의 나는 수학을 반쯤 포기한 상태였지만, 지겹도록 반복 학습했던 소인수분해만큼은 머릿속 어디엔가

---

3 1과 자신 이외의 자연수로는 나눌 수 없는, 1보다 큰 자연수. 예를 들어 2, 3, 5, 7, 11 등이 있다.

저장되어 있었던 모양이다. 얼마 전 스승님에게서 완전수라는 개념을 배울 때 소인수분해가 번뜩 떠올랐고, 이를 이용한다면 그리 어렵지 않게 다른 완전수도 찾아낼 수 있을 거라고 생각했다.

하지만 예상보다 완전수는 금방 찾아지지 않아 한동안 손을 놓고 있었다. 그러다 요 며칠 심심풀이로 소인수분해를 하던 중 운 좋게도 496이 완전수라는 사실을 알아낸 것이다.

"엘마이온, 네가 찾은 새 완전수 덕분에 또 다른 네 번째, 다섯 번째 완전수의 존재 가능성이 열렸다. 그동안 6과 28만이 완전수라고 생각해 이 둘을 신성시여기던 우리 학파의 상식을 깨버린 거지. 실로 대단한 일이 아닐 수 없구나!"

"헤헤. 칭찬해주시니 뿌듯하네요. 그러면 이번 연구 내용은 피타고라스 님께 보고되는 건가요?"

"글쎄다… 소수와 소인수분해는 최근 피타고라스학파 연구 주제들과는 크게 연관이 없어서 굳이 보고하지 않았다만, 이것은…"

"스승님, 전 괜찮으니 한번 보고드려 보세요. 피타고라스 님의 반응도 궁금하고요."

"엘마이온."

"전 정말 괜찮다니까요. 연구야 또 하면 되니까요, 하하하!"

"모르겠구나. 과연 피타고라스 님이 이 새로운 지식을 유쾌하게 받아들이실지. 그리고 다른 마테마티코이들도 이를 환영할지 말이야. 사실 너의 그 전 연구 내용들을 굳이 보고하지 않았던 진짜 이유이기도 한데…."

"네?"

"아니다. 그저 한숨만 나오는구나."

"…"

나도 요즘 학파의 분위기가 많이 달라졌다는 것을 대충은 알고 있다. 아쿠스마티코이이기에 자세한 내부 사정까지는 모르지만, 밖에서 보기에 요즘의 피타고라스학파는 마치 하나의 거대한 종교 집단이 된 것처럼 보였다.

내가 수의 조밀성을 학파에 기증한 후, 곧바로 피타고라스학파는 나의 연구 내용을 '신의 세계의 완전성'이라는 제목으로 세상에 알렸다. 그리고 정확히 그 무렵부터 눈에 띄게 포교 강도를 높였고, 피타고라스님은 이 세상에 내려온 신의 현신이며 마테마티코이들은 그분의 사도라고 대놓고 설파하였다.

공격적인 포교 활동 덕에 피타고라스학파의 회원 수는 몇 개월 전과는 비교도 안 될 만큼 늘었고, 지금 이 순간에도 수많은 사람이 입회하고 있으리라.

비록 스승님은 말도 안 되는 것들이라며 나에게 신경 쓰지 말라고 하셨지만, 얼마 전에 있었던 아쿠스마테코이 집회에서는 피타고라스학파의 새 율법에 관한 교육도 있었다.

'콩을 멀리하라', '떨어진 것을 줍지 마라', '흰 수탉을 만지지 마라', '빵을 손으로 뜯어 먹지 마라' 등 대체 수학 연구와 무슨 연관이 있는지 도무지 알 수 없는 황당한 항목으로 가득했다.

더불어 이 율법 가운데 단 하나라도 어기게 되면 큰 죄악을 범한 것으로 간주되어 엄한 처벌이 내려질 거라는 교육도 받았다.

이런 학파의 분위기 때문인지, 스승님은 언제부턴가 학회에도 나가지 않으셨고, 최근에는 술을 부쩍 많이 드신다.

모쪼록 내가 연구한 내용이 스승님께 다시금 활력을 불어넣어 주면 좋으련만.

"스승님. 그래도 마침 내일은 몇 개월에 한 번 있는 피타고라스학파 대강연날 아닙니까? 모든 마테마티코이 분들이 참석하시는 날이니만큼 연구 성과를 알리기에도 더없이 좋은 기회이고요. 물론 스승님의 생각처럼 이를 반기지 않는 분들도 있을 테지만, 반기는 분들 또한 분명히 있을 겁니다."

"…"

"스승님?"

"내일 대강연에는 참석해 봐야겠다. 네 말대로 모든 마테마티코이들이 모이는 날이니."

"오! 잘 생각하셨습니다. 스승님!"

"새로운 완전수를 발표하기 위함은 아니야. 그저 확인해 볼 것이 하나 있어서 그런다."

"네? 그게 뭔가요?"

"그건 네가 알 필요 없는 내용이다."

"아… 네."

뭘 확인하신다는 걸까?

어찌 됐든 스승님이 오랜만에 학회에 참석하신다는 것은 무척이나 반가운 소식이다. 어쩌면 이 계기로 스승님이 다시 학파 활동을 시작하실지도 모를 일이고. 그렇게 되면 나 또한 스승님을 따라서 피타고라스 학교에 갈 기회가 생길 것이다. 학교에 갈 생각을 하니 마음이 설레기 시작했다.

비록 몇 개월이나 지났지만, 나는 그날 보았던 셀레네 님을 잊지 않고 이따금 떠올린다. 너무나도 예쁜 얼굴과 고고한 분위기. 나의 모든 것을 금방이라도 간파할 듯한 깊은 눈과 아름다운 목소리.

비단 그런 게 아니더라도 나는 셀레네 님과 만나서 나눠야 할 이야기가 있다. 요즈음 나는 며칠에 한 번꼴로 그날 겪었던 것과 똑같은 증상을 겪고 있기 때문이다.

동네의 용하다는 의원들을 만나 진단도 받아보았으나, 의원들조차 전혀 가늠하지 못하는 이 증상을 당시 셀레네 님께서는 마치 전부터 알고 있었다는 듯 말씀하셨다. 어쩌면 셀레네 님은 이 증세를 해결하는 방법 또한 알고 계실지도 모른다.

II.

언제쯤 오시려나?

나는 지금 대강연에 가신 스승님이 돌아오시기만을 눈이 빠지게 기다리고 있다. 스승님은 학회에 다녀오시면 언제나 연구 거리를 한가득

던져주시곤 했다. 요즘 연구할 소재가 동나서 지루해하던 나에게는 더 없이 기대되는 순간이다.

쾅!

갑자기 과격하게 문이 열리는 소리가 났다. 깜짝 놀라 방에서 나가 보니 스승님이 시뻘건 얼굴을 해 가지고 서 계셨다. 얼핏 보기에도 화가 머리끝까지 나신 것 같았다. 대체 무슨 일이실까?

"스승님 돌아오셨습니까?"

"엘마이온! 이제부터 너도 나와 함께 밤샘 연구에 들어간다!"

"네?"

집 안이 온통 울릴 정도로 큰 목소리에 나는 다시 한번 깜짝 놀랐다.

"이제부터 세상에 없는 수, 이치에 어긋나는 수를 찾아낼 것이다!"

"네? 이치에 어긋나는 수요?"

스승님은 극도로 치밀어오르는 화를 도저히 주체할 수 없다는 듯이 몸까지 부들부들 떨고 계셨다. 여태 단 한 번도 본 적이 없는 스승님의 모습이었다.

이어서 스승님은 너무나도 충격적인 말을 토해내셨다.

"셀레네가 죽었다! 아니, 피타고라스 이 미친놈이 기어코 셀레네를 죽인 게야!"

뭐…! 지금 스승님께서 뭐라고 하신 거지?

"이놈은 끝내 돌이킬 수 없을 정도로 그릇된 길을 택하고 말았어! 대체 그깟 권력과 명예가 무엇이라고 진리를 거부하고 애꿎은 사람의 목숨마저도 앗아간단 말이냐!!"

스승님은 지금 대체 무슨 말씀을 하시는 거지? 받아들이기 힘든 스승님의 얘기에, 나는 일순간 망치로 머리를 얻어맞은 듯 멍해졌다.

"셀레네는 이렇게 허무하게 죽어서는 안 되는 아이야. 그 아이가 연구한, 앞으로도 연구할 내용은 우리 인류의 문명을 송두리째 바꿀 수도 있단 말이다!"

셀레네 님이 죽었다고? 피타고라스 님께서 셀레네 님을 죽였다고? 진짜로? 아니 대체 왜?

"아아…. 내가 셀레네에게 이런 위험이 닥칠 수도 있을 거라는 사실을 먼저 알려줬어야 하는 건데. 그러면 화를 모면했을 수도 있었을 텐데! 아아… 미안하다 셀레네야, 정말 미안하다. 내 잘못이 크구나. 정말 미안하다… 흑흑…"

스승님은 이윽고 눈물을 흘리시며 오열을 토하셨다.

한참을 그렇게 통곡하시던 스승님은 꾹꾹 눌러 담은 목소리로 독백을 이어갔다.

"찾았을 거다, 셀레네는. 그 이치에 어긋나는 수를 실제로 찾아낸 걸 거야. 비록 그게 무엇인지는 내 지금 당장 가늠할 순 없다만, 나 또한 반드시 그것을 찾아낼 것이다! 그래서! 저 파렴치한 피타고라스학파를 내 손으로 무너뜨리고 말 것이다! 저건 더는 학파도 뭣도 아냐!!"

정말로 셀레네 님이 죽었다고? 어떻게 그런 수가… 어떻게 그런 일이….

미루어 짐작 가는 바는 있다. 아마도 셀레네 님이 마테마티코이로 승격될 당시 기증했던 연구 내용과 관련된 일일 것이다. 그때 피타고라스 님과 스승님은 셀레네 님의 연구가 피타고라스학파에 위협이 될 가능성이 있냐고 하셨고, 그때까지는 구체적인 사례가 발견되지 않은 상황이라고 했었다.

아마도 셀레네 님이 그 사례를 찾아낸 것 같다. 아니 그게 대체 무엇이기에…?

"스승님, 혹시 그 이치에 어긋나는 수라는 것은 셀레네 님이 마테마티코이로 승격되던 당시 피타고라스학파에 기증했다는 연구 내용과 연관된 것입니까?"

"엘마이온, 네가 어찌 그걸…!"

"역시 맞군요."

"어찌 된 일이냐? 네가 그걸 어떻게 알고 있단 말이냐?"

"사실 그날 스승님께서 피타고라스 님과 서재에서 대화 나누시던 것을 들었습니다. 저뿐 아니라 셀레네 님도 같이요."

"뭐? 설마 네가 피타고라스를 만났던 그날의 대화 내용을 말이냐?"

"네."

"맙소사, 그게 사실이라면 셀레네는 이미 자기가 위험해질 수도 있다는 걸 알고 있었단 얘기 아니냐? 이 무슨…"

"아, 저… 미리 말씀드리지 않아서 죄송합니다. 어리석게도, 숨겨야 한다고만 생각했습니다."

"그런 건 이제 아무래도 상관없게 됐다. 셀레네는… 진정한 수학자였구나. 그녀는 심지어 자신의 목숨보다도 진실을 중요시했던 거야."

집 안의 공기는 아주 무겁게 가라앉았다.

혹시 그날 내가 엿들었다는 사실을 숨기지 않고 바로 스승님께 말씀드렸다면, 셀레네 님은 죽지 않았을까? 아니, 애초에 내가 그날 셀레네 님에게 서재로 데려가 달라는 무리한 부탁을 하지 않았었더라면?

이런저런 생각이 휘몰아쳤다. 그리고 어쩌면 나도 셀레네 님의 죽음에 일조한 것일지도 모른다는 죄책감으로 가슴이 옥죄여왔다.

"엘마이온. 그렇다면 혹시 셀레네가 너에게 그 연구 내용에 관해서도 알려주었느냐?"

"아뇨. 저도 몹시 궁금해서 그 자리에서 물어보았습니다만 셀레네 님은 오히려 제가 모르는 편이 나을 것이라며 얘기해 주지 않았습니다."

"그랬군. 셀레네는 애꿎은 너까지 위험에 빠뜨리고 싶지 않았던 게지."

"..."

"나 또한… 너를 굳이 이 위험한 길로 데려갈 생각은 없다. 비록 나는 그 길을 걸으려 한다만, 너는 나와 별개로 너의 길을 생각해 보거라."

"아닙니다, 스승님! 저도 함께하겠습니다."

"이건 그리 쉽게 결정할 일이 아니다. 또한 서두를 필요도 없으니 충분히 시간을 갖고 차분하게 생각해 본 후에 결정하거라."

"아닙니다. 비록 아쿠스마티코이지만 저 또한 어엿한 수학자입니다. 지혜를 사랑하는 자란 말입니다. 수학자가 어찌 진리를 두고 도망칠 수 있겠습니까!"

"지혜를 사랑하는 자… 허허. 그거 분명 피타고라스가 자기 스스로를 일컫던 말이었었지…."

"…"

"좋다, 엘바이온. 하지만 이후라도 떠나고 싶은 마음이 들거든 언제든지 떠나도 괜찮다. 적어도 네가 앞으로 먹고살기에 부족하지 않을 정도의 재산도 내 기꺼이 내어줄 것이다. 약속하마."

"아닙니다, 스승님. 어쩌면 셀레네 님의 안타까운 죽음은 저에게도 책임이 있습니다. 이런 마음으로 어떻게 나 몰라라 떠날 수 있겠습니까? 저도 함께하겠습니다. 그보다도…"

"그보다도?"

"지금 당장이라도 좋으니 저에게도 셀레네 님의 연구 내용을 좀 알려주십시오. 이치에 어긋난 수란 대체 무엇인지. 비록 제가 연구에 도움이 될 거라 장담할 수는 없지만, 셀레네 님의 죽음이 절대 헛되지 않도록, 최선을 다하겠습니다!"

"아아, 셀레네…! 세상은 참으로 아까운 인재를 잃은 거야. 피타고라스, 너는 결코 훗날 고이 죽지는 못할 것이다!"

스승님은 다시금 감정이 북받치시는지 그쳤던 통곡을 터뜨리셨고, 한참이 지나서야 슬픔을 가라앉히셨다.

Ⅲ.

"그러니까."

셀레네 님의 연구 내용에 대한 스승님의 설명을 들은 나는 머릿속에 들어온 정보를 갈무리했다.

"피타고라스 님의 가르침과 달리 세상에는 수와 그 비로써 표현할 수 없는 것도 있을 거란 말이군요?"

"그렇다. 즉, 너의 이론이었던 '수의 조밀성' 또한 틀린 이론일 수 있다는 거지."

"'무수히 많은 것이 존재한다는 사실'과 '그러한 그들 사이에는 빈틈이 없다는 사실'은 서로 다른 말이다⋯?"

아주 일리가 없는 말은 아니었다. 분명히 1과 2 사이에 채워지는 수의 비는 무수히 많다. 하지만 '수의 비가 무수히 많다는 것'이 '수의 비 사이에 빈틈이 없다는 것'과 같은 말일까?

얼핏 생각하면 무수히 많다는 말은 모든 빈틈을 충분히 채우고도 남을 만큼이므로 빈틈 따위는 있을 리 만무하다고 느껴지지만, 엄밀히 이 둘이 같다고 증명된 것은 아니다.

아니, 그 누구도 이를 의심하고 증명을 시도할 생각조차 하지 못 했다는 게 맞는 얘기겠다.

"하지만 그날 내가 봤던 셀레네의 연구 기록엔 그러한 빈틈에 어떤 것이 존재할 수 있는지에 관해서는 언급이 없었단다. 그래서 피타고라스도 어디까지나 가능성일 뿐이라고 여겼던 것이고 말이지."

"그 발상만으로도 대단하네요. 어떻게 무수히 많은 수 사이에서 빈틈을 포착할 생각을 했을까요?"

"수의 빈틈 유무보다도 더 중요한 것은, 그 빈틈이 '정말로' 빈틈이어서는 아무런 의미가 없다는 것이다. 그 말은 곧 수로써 표현 불가능한 대상은 존재하지 않는다는 말과 같으니까. 셀레네는 아마 그 빈틈을 포착했을 뿐 아니라, 그 빈틈에서 무언가를 찾아냈을 것이다. 수로써 표현 불가능한 그 무언가를 말이지."

"정말 어렵네요. 그런 것이 정말로 있을까요? 수로도, 수의 비로도 표현할 수 없는 대상이라니."

"여태껏 상상조차 못 했던 것이다 보니, 심지어 그런 개념을 뭐라고 불러야 하는지도 문제지. 만약 그것을 또 다른 종류의 수라고 한다면, 말 그대로 그동안의 이치와는 어긋나는 수인 것이고."

"아, 아까 그래서 스승님께서 세상에 없는 수, 이치에 어긋나는 수를 찾아내겠다고 말씀하신 거로군요."

"이제 와 생각하니 만약 그런 게 존재한다면, 세상에 '없는' 수란 말은 어폐가 있구나. 세상에 '있는', 이치에 어긋난 수라 부르는 것이 맞겠군. 허허허."

결국 스승님의 얘기를 요약하자면, 이제부터 우리는 수와 수의 비로써 표현할 수 없는 새로운 종류의 수를 찾아내겠다는 말이었다.

수의 비로써 표현할 수 없는 수라….

그 순간, 머릿속에서 단어 하나가 번뜩였다!

무리수.

마치 예전에 스승님에게서 완전수에 대해 배울 때 소인수분해가 떠올랐던 그때처럼, 갑작스럽게 떠오른 단어와 함께 두통과 어지럼증이 몰려왔다.

분명히 꿈에서(그 기억을 꿈이라 부르는 게 맞는 건지 아직도 헷갈리지만), 중학생 무렵에 배웠던 기억이 난다. 무리수란 분수 꼴로 표현되지 않는 수라고!

생각이 거기에 이르니, 그동안 잊고 있었던 또 다른 수학 용어들이 우후죽순 떠오르기 시작했다. 자연수, 정수, 유리수. 심지어 실수와 허수, 복소수까지!

"스승님!"

"어이쿠, 깜짝이야! 왜 갑자기 소리를 지르고 그러냐."

"그거 무리수입니다. 무리수!"

"뭐?"

"유리수, 아니 그러니까 자연수⋯ 가 아니라 수의 비로써 표현되지 않는 수, 그게 바로 무리수라고요!"

"대체 무슨 말을 하는 거야? 진정하고 좀 차분히 얘기해 보거라."

"그러고 보니 왜 우리는 자연수라든지 유리수 같은 용어를 쓰지 않는 거죠? 아무튼 자연수란 것은요. 우리가 지금 흔히 수라고 부르는 것이고요. 이 자연수들의 비는 유리수라고 부릅니다! 아니, 정확히는 정수들의 비인데⋯. 아무튼! 그리고 유리수로 표현되지 않는 수를 바로 무리수라고 불러요! 그것이 바로 셀레네 님이 찾았을 수이고요!"

"뜬금없이 그런 용어들은 다 뭐냐? 갑자기 어디서 튀어나온 것들이야?"

"꿈에서… 라고 하면 믿으실까요?"

"예전에도 그러더니 또냐? 허 참… 아무튼 무슨 영문인지는 모르겠다만 재밌는 용어들이기는 하구나. 유리수와 무리수라… 이치에 맞는 수라서 유리수有理數고, 이치에 어긋난 수라서 무리수無理數인 거냐? 허허. 그래서 그 무리수란 것의 정체는 대체 무엇이고?"

"무리수는… 그러니까 $\sqrt{2}$ 같은 수입니다! 루트, 아니 근호가 들어가는."

"도통 알 수 없는 소리만 해대는구나. 알아듣기 쉽게 좀 설명해 봐라."

"아니 그게, 막상 그리 물어보시니까 좀 당황스럽네요. 이것을 뭐라고 설명해야 할지… $\sqrt{2}$는 그냥 $\sqrt{2}$인데. 그러니까 유리수가 아닌 수들 중에 하나에요."

"그러니까 그게 무슨 수냐니까? 왜 수의 비로써 표현할 수가 없다는 거냐?"

"어… 그게 그러니까…"

"나 원 엉뚱한 소리만 줄줄 늘어놓더니 정작 중요한 얘기는 못 하는구나."

"아! 피타고라스의 정리! $\sqrt{2}$는 직각삼각형의 밑변과 높이의 길이가 1일 때 빗변의 길이입니다!"

"허이고… 엘마이온. 아까부터 계속 알 수 없는 얘기만 잔뜩 해대니 머리가 지끈지끈해지는구나. 이번엔 뭐, 피타고라스의 정리라고 하였느냐?"

90

"스승님! 그리고 보니 왜 스승님께서는 여태껏 저에게 피타고라스의 정리를 가르쳐 주시지 않은 거죠? 아직 피타고라스의 정리는 세상에 발표되지 않은 건가요?"

"그러니까 그게 대체 뭐냐? 내 여태껏 피타고라스가 자기 이름을 붙여서 발표한 이론은 본 적도 들은 적도 없다. 당연히 내가 모르는 피타고라스의 이론을 네 녀석이 알 리도 만무할 테고."

"맙소사."

"...?"

나는 정말 꿈을 꿨던 것일까?

아니면 지금 내가 아주 사실적인 꿈을 꾸고 있는 걸까?

2000년대를 살던 생생한 기억 속의 나는 누구이고, 생생한 감각이 느껴지는 지금 이 시대에서 살아 숨 쉬는 나는 또 누구란 말인가.

지금이 현재고 꿈속의 광경은 미래였던 건가?

아니면 반대로 꿈속이 현재고 지금이 과거인 것인가?

내가 지금 과거로 전생 여행이라도 온 거란 말인가? 만화나 판타지 소설에서나 봤었던 그런 일이 실제로 나에게 벌어진 건가?

그리고 지금 이 상황은 또 뭐야.

피타고라스의 정리를 스승님께서 모르신다는 것은 정말로 아직 피타고라스의 정리가 세상에 발표되지 않았다는 얘기인데, 이런 상황에서 만약 내가 그 정리를 말해버린다면 역사는 어떻게 되는 거지?

그저 모든 것이 혼란스러울 뿐이었다.

스승님과 나는 그렇게 한참 동안 침묵을 이어갔다. 스승님은 스승님

나름대로 무리수에 대한 실마리를 찾기 위해 머리가 복잡하신 듯했으나, 지금의 나에게 그런 건 아무래도 상관없는 문제였다.

지금 이 순간 나에게 느껴지는 모든 감각이 새삼 낯설게 다가왔다. 내 발에 느껴지는 바닥의 한기는 정말로 지금 내가 느끼고 있는 것일까? 이 공기를 들이쉬고 내쉬고 있는 나는 정말로 숨을 쉬고 있는 것일까?

꿈이라면 차라리 얼른 깨고 싶다. 이 혼란스러운 상황을 벗어나고 싶다.

눈을 질끈 감았다.

한참 동안 나는 그렇게 눈을 꾹 감고 있었다.

Ⅳ.

눈이 부시다.

너무나도 밝은 햇살에 못 이겨 마지못해 눈을 떴다. 내 몸은 바닥에 누워 있었다. 부스스 몸을 일으켰다.

뭐지? 대체 언제부터 잠이 들었던 거지? 잘 떠지지 않는 두 눈을 비비며 황급히 주위를 둘러보았다. 당연하게도 변한 것은 아무것도 없었다. 내 눈앞에는 여전히 고뇌하고 있는 히파소스 스승님이 계셨다.

뭐라고 말하기는 힘들지만 약간의 실망감과 동시에 안도감이 느껴졌다. 다행인 것은 깊게 잠들었던 모양인지, 덕분에 머리가 아주 맑아졌다는 점이다.

아무래도 스승님은 밤을 지새우신 모양이다. 다크서클이 턱 끝까지 내려와 있는 모습이 평소보다 십 년은 더 늙어 보였다.

"흠흠. 저, 스승님."

"일어났느냐? 코까지 골면서 아주 잘 자길래 굳이 깨우지 않았다."

"앗, 제가 코도 골았나요? 몸은 별로 안 피곤했는데 정신적으로 조금 지쳤나 봐요. 하하… 그나저나 스승님. 이걸 지금 말씀드려도 되는지 모르겠습니다만, 어제 잠깐 얘기한 피타고라스의 정리 말입니다."

"또 그 소리냐? 미안하지만 나는 지금 네 실없는 얘기까지 들을 만한 정신이 아니란다."

"실없는 얘기가 아닙니다. 그 반대로 엄청난 얘기죠. 제 예상이 틀리지 않다면 말입니다."

"알았다. 들어보자꾸나."

"스승님. 직각삼각형은 말입니다. 모양이 어찌 생겼든 간에 그 빗변 길이의 제곱 값이 밑변 길이 제곱과 높이 길이 제곱의 합과 같습니다. 이거 혹시 알고 계셨습니까?"

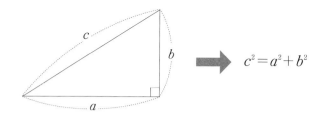

$$c^2 = a^2 + b^2$$

"뭐?"

"못 미더우시면 한번 확인해 보시지요. 현재까지 밝혀진 직각삼각형의 사례가 꽤 많이 있잖습니까?"

"빗변 길이의 제곱이 나머지 두 변 길이의 제곱 합과 같다 했느냐? 어디 보자… 3의 제곱은 9, 4의 제곱은 16. 두 합은 25이니까 빗변 길이인 5의 제곱과 같구나. 12의 제곱은 144, 5의 제곱은 25. 두 합은 169… 오호라. 이것도 빗변 길이 13의 제곱과 같군. 15의 제곱은 225, 8의 제곱은 64. 두 합은 289… 맙소사. 17의 제곱 값이로구나!"

"하하하. 신기하시죠?"

"24의 제곱 576, 7의 제곱 49. 합은 625. 이 또한 빗변 길이 25의 제곱 값이고. 40의 제곱 1600, 9의 제곱은 81. 합하면 1681. 이는 41의 제곱…"

"아무리 많이 해 보셔도 마찬가지일 겁니다."

"아니 대체! 이 놀라운 식이 성립하는 이유가 무엇이냐?"

이유? 피타고라스의 정리가 왜 성립하냐고? 그러게, 그게 왜 성립하지? 생각지도 못한 스승님의 질문에 당혹스러웠다.

"아, 그게 참 부끄럽지만요. 저도 이 정리를 외우기만 했지, 이게 왜 성립하는지는 면밀하게 공부하지 않았었네요. 하하…"

"그게 무슨… 아니 그게 말이 되느냐? 어찌하여 근기도 없이 일반화된 결론을 확신했단 말이냐? 이 식이 성립하지 않는 사례 또한 얼마든지 나올 수도 있을 텐데?"

"아뇨, 사실 이건 제가 만든 정리가 아닙니다. 그러니까… 그 근거는 이제부터라도 밝혀봐야겠지요? 중요한 건 그게 아닙니다! 이 정리에 따르면, 직각삼각형의 밑변과 높이의 길이가 각각 1일 때, 바로 빗변의 길이는 $\sqrt{2}$, 그러니까 무리수가 됩니다!"

"… 가설에 가설을 얹더니 실로 황당한 결론까지 내버리는구나."

스승님은 어이없다는 표정으로 날 바라보셨다. 그럴 만도 하다. 말하고 있는 나 자신도 만약에 스승님의 입장이었다면 똑같은 반응을 보였을 테니.

중요한 건 그게 아니라고? 내가 뱉어놓고도 이보다 바보 같은 말이 또 있을까 싶다.

"네가 그리 확신에 차서 말하는 걸 보면 마냥 허튼소리만은 아닐 것 같긴 한데. 내 이를 어찌 받아들여야 할지 모르겠구나. 아무튼 네 말대로 그 피타고라스의 이론이 참이라 하면, 빗변 길이의 제곱값은 2일 테고, 즉 제곱을 해서 2가 되는 수가 바로 그 무리수라는 말이렷다? 그 이유는?"

또다시 얼굴이 빨갛게 달아올랐다. $\sqrt{2}$가 무리수라는 건 알지만, 왜인지는 생각해 본 적도 없다.

아니. 애초에 왜인지도 모르면서 안다고 할 수나 있는 걸까? 정말이지 쥐구멍에라도 숨고 싶은 기분이다.

그 당시에 나는 대체 무슨 공부를 했던 걸까? 중고등학교 6년 동안 하루에 한 문제씩만 풀었다 치더라도 족히 수천 개의 수학 문제를 풀었을 터다.

물론 내가 열심히 공부했다고는 할 수 없다. 하지만 당연히 궁금해야

했을 이런 내용들조차 왜 나는 진지하게 고민한 적이 없었던 걸까. 내 머리에 물음표 기호 따위는 없었단 말인가?

아니다. 곰곰이 돌이켜 보면 매번 궁금하긴 했었다. 오히려 다른 아이들에 비하면 지나칠 정도로 나의 호기심은 왕성했었지.

다만 그 호기심을 해결하려고 시도할 때마다 돌아오는 건 선생님들의 핀잔이었다. 그런 쓸데 없는 궁금증은 소중한 시간만 빼앗을 뿐이라고. 차라리 그 시간에 한두 문제라도 더 풀어보고 기출문제의 유형을 숙달하는 것이 성적을 올리는 데 효과적이라는 말만 들었다.

그러다 보니 나는 어느 순간부터 내 안에서 자연스레 피어나는 궁금증들을 외면하기 시작했다. 아니, 외면하도록 길들여졌다.

히파소스 스승님처럼 수학의 본질은 호기심이자 궁금함이라며, 스스로 안다고 생각하는 사실에 대해서도 끊임없이 의심을 품고 질문하라는 가르침을 준, 그런 선생님은 단 한 명도 없었다.

그러고 보면 당시에 난 나 스스로가 수포자라며 자랑인 양 떠들어댔지만 돌이켜보면 내가 포기했었던 건 수학이 아니었다. 애초에 수학을 경험한 적도 없으면서 무슨. 수학이 이토록 재밌는 학문이란 걸 당시에도 알았다면 그런 부끄러운 단어 따위는 입에 담지도 않았을 터다.

내가 포기했던 건 수학이라는 이름을 달고 있는 '시험'이었을 뿐이고, 수천 개의 문제를 풀며 공부했었던 건 '수학'이 아니라 '수학시험'이었던 거다.

참 많은 생각이 머리를 맴돈다.

"엘마이온. 아직 미덥지는 못하다만, 그렇다고 현재 딱히 파고들 만한

다른 대안도 없으니, 일단은 너의 그 발상부터 함께 검토해 보자꾸나."

"네! 스승님과 함께라면 분명히 금방 증명해낼 수 있을 겁니다!"

"금방은 무슨. 아직 일반적인 사실인지 아닌지조차도 모르는 상황 아니냐? 재미난 발상이긴 하다만 가야 할 길은 먼 셈이지. 일단은 피타고라스의 정리라고 부른 그 이론이 시작점인 듯하니, 너는 그 이론이 참이라는 것에 초점을 맞추어서 증명을 시도해 봐라. 나는 그에 대한 반례의 가능성에 좀 더 무게를 두고 검증해볼 테니 말이다."

"네, 알겠습니다!"

꿈속의 나였는지 미래의 나였는지.

아무튼 그때의 내가 단 한 번도 하지 않았던 진짜 수학 공부, 그 밀렸던 공부를 이제야 한다는 생각에 마음이 기분 좋게 설레었다.

v.

스승님과 연구에 몰두한 지 십 여일 정도가 지났다.

나는 여전히 피타고라스의 정리를 증명하기 위해 고군분투 중이다. 가장 기초적인 이론이라고 우습게 여겼던 피타고라스 정리의 위대함이 나날이 더 느껴진다. 피타고라스 님께서는 어떻게 이 황당한 정리를 떠올리신 걸까? 그리고 어떻게 증명하여 일반화하신 걸까?

스승님께서는 아직도 피타고라스의 정리가 참이라는 확신이 없으신지, 다양한 방향으로 논리를 전개해 보시는 듯하다.

어쩌면 우리의 이런 모습이 당연한 것일 거다. 시험을 위해서 공식을 암기하는 게 아닌, 진정으로 수학을 탐구하는 사람이라면 말이다.

난 처음 며칠 동안 수식으로 피타고라스의 정리 증명을 시도했다. 피타고라스 삼조[4]를 점토판 가득히 써놓고선 머리에 떠오르는 계산식을 마구 써 내려가기도 했다.

하지만 딱히 증명의 실마리는 보이지 않았다. 그래서 다음으로 시도한 접근 방법은 그림이었다. 직각삼각형을 그려놓고선 이렇게 저렇게 보조선을 그려보며 단서를 찾으려 했다.

답답했던 점은 이따금 기억나는 이론들(예를 들어 '도형의 닮음 규칙[5]'이라든지)을 좀 써보려 해도 그 이론들의 접근원리 또한 전혀 모른다는 사실이었다. 원리를 모르니 당연히 증명도 이루어질 리 없었고, 결국 나는 겉핥기식으로 공부했던 그 많은 지식을 모두 버리고 무無에서부터 증명을 시도해야만 했다.

그런 순간을 맞닥뜨릴 때마다 꿈속의, 아니 어쩌면 미래의 나에게 몹시 화가 났다.

책상 위의 점토판에 물을 적셔 빼곡히 채운 그림들과 수식을 깨끗이 지워냈다. 또 새롭게 시작할 시간이다.

---

4 피타고라스 정리를 만족시키는 세 양의 정수 쌍. 예를 들어 (3, 4, 5), (5, 12, 13) 등이 있다.
5 한 도형의 모양을 확대하거나 축소했을 때 같은 형태가 되는 규칙으로, 두 각의 크기가 같은 AA 닮음, 두 변의 길이 비와 그 끼인각이 같은 SAS 닮음, 세 변의 길이 비가 같은 SSS 닮음 등이 있다.

그래도 이리저리 그림을 그려보는 동안 어느 정도 가닥을 잡은 것은, 변의 길이의 제곱이 곧 해당 변의 길이로써 만들어지는 정사각형의 면적을 의미한다는 접근이다.

즉, 직각삼각형의 빗변 길이를 γ(감마), 나머지 두 변의 길이를 각각 α(알파), β(베타)라 하면(지금 시대에 로마자 알파벳은 없다) $\alpha^2 + \beta^2 = \gamma^2$에서 α^2은 한 변의 길이가 α인 정사각형의 면적을, 나머지 β^2과 γ^2도 마찬가지로 그에 상응하는 정사각형의 면적으로 바라보고 증명을 시도하는 것이다.

그러한 관점에서 바라보면 결국 피타고라스의 정리는, 직각삼각형의 빗변 길이(γ)로써 만든 정사각형의 면적(γ^2)이 다른 두 변으로 만든 정사각형의 면적 합($\alpha^2 + \beta^2$)과 같다는 것을 의미한다.

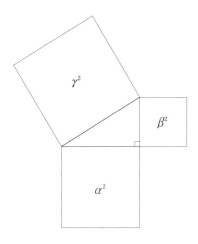

이번엔 어떻게 접근해볼까.

여태까지는 계속 가운데의 직각삼각형을 기준으로 그려왔으니, 이번엔 순서를 바꿔서 정사각형을 기준으로 그림을 그려보자는 마음에 일단은 막연히 한 변의 길이가 γ인 정사각형을 그렸다.

정사각형을 그려놓고선 한참을 바라보았다. 딱히 떠오르는 생각이 없어 한참을 멍하니 있다가, 낙서하듯 네 변에 맞춰 직각삼각형을 그려보았다.

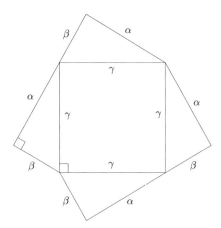

다 그려놓고 보니 뭔가 그림이 불편해 보였다. 대칭을 맞추면 좀 더 예쁜 그림이 될 것 같은데… 오른쪽과 아래에 있는 직각삼각형을 지우고 다시 예쁘게 삼각형을 그려나갔다.

대체 이런 행위가 증명에 무슨 도움이 되는 거냐고?

스승님께서는 어떤 이론을 증명하려다 막힐 때면, 늘 두 가지 행동을 취하셨다.

하나는 피타고라스 학교에 가서 서재에 있는 자료들을 빠짐없이 뒤져보는 것. 하지만 나는 피타고라스 학교에 갈 자격 요건이 되지 않는다.

또 다른 하나는 지금의 나처럼 별 의미를 부여하지 않은 채 머리에 떠오르는 다양한 발상을 가감 없이 시도하는 것. 그러다가 운 좋게 증명의 실마리를 얻을 수도 있는 것이다. 설령 허탕을 쳐도 상관없다. 또 다른 시도를 해 보면 되니까.

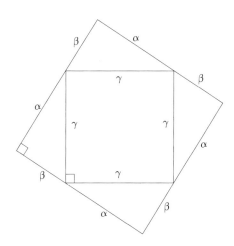

그림을 완성하고 보니 뭔가 하나의 예술 작품을 보는 것 같아 기분이 뿌듯했다.

'예쁜 모양이 되었군. 하하…'

만족스러운 눈으로 흐뭇하게 그림을 응시하던 나의 두 눈에 문득 바깥쪽에 있는 큰 정사각형이 들어왔다.

그리고 보니 이 그림은 마치 크고 작은 두 개의 정사각형을 그려 놓은 것 같은 형태가 아닌가! 바깥쪽 큰 정사각형의 한 변 길이는 $(\alpha + \beta)$이고, 안쪽 정사각형의 한 변 길이는 γ…

어? 이거 혹시?

바깥쪽 정사각형의 면적을 구해 보았다.

$(\alpha + \beta) \times (\alpha + \beta) = (\alpha + \beta)^2 = \alpha^2 + 2\alpha\beta + \beta^2$이다.

그리고 안쪽에 있는 정사각형의 면적은 γ^2이다.

바깥쪽 정사각형 면적과 안쪽 정사각형 면적의 차이는 남은 네 귀퉁이의 직각삼각형 면적들이다. 이 직각삼각형들의 면적을 구해 보면 각각 $\frac{1}{2}\alpha\beta$이므로, 네 삼각형의 면적을 모두 더한 값은 $\left(\frac{1}{2}\alpha\beta\right) \times 4 = 2\alpha\beta$가 된다.

결론적으로 바깥 정사각형의 면적 $\alpha^2 + 2\alpha\beta + \beta^2$은 안쪽 정사각형 면적 γ^2과 네 개의 직각삼각형 면적 $2\alpha\beta$를 더한 것과 같으므로, 이를 수식으로 적으면 $\alpha^2 + 2\alpha\beta + \beta^2 = \gamma^2 + 2\alpha\beta$ 이다.

어? 어!

수식을 써 내려가는 나의 가슴이 두근두근 뛰기 시작했다. 적은 수식에서 피타고라스의 정리가 선명하게 두 눈에 들어왔기 때문이다!

$$\alpha^2 + 2\alpha\beta + \beta^2 = \gamma^2 + 2\alpha\beta$$에서 양변에 있는 $2\alpha\beta$를 서로 상쇄시키면

$$\alpha^2 + 2\alpha\beta + \beta^2 = \gamma^2 + 2\alpha\beta$$
$$\Rightarrow \alpha^2 + \beta^2 = \gamma^2$$

이거다.

극렬하게 터져나오는 흥분을 간신히 누르며 몇 번이고 일련의 과정을 다시 꼼꼼히 살펴보았다. 분명하다. 더할 나위 없는 깔끔한 증명이다.

내가 마침내 피타고라스의 정리를 증명해낸 것이다!

"와아!!"

나의 갑작스러운 환호성에 스승님은 깜짝 놀라 정말로 뒤로 넘어가실 뻔했다.

"이 녀석아! 간 떨어지는 줄 알았잖아, 왜 갑자기 소리를 지르고 그래!?"

"스승님! 마침내 해냈습니다!"

"뭐?"

"피타고라스의 정리를! 제가 증명해냈어요!"

"어이고. 엘마이온아… 그러니까 피타고라스는 그런 정리를 발표한 적이 없다고 몇 번을 말하냐? 왜 자꾸 피타고라스의 정리라고…"

"지금 그게 중요한 것이 아닙니다! 정말로요. 이것 좀 보십시오!"

나는 허겁지겁 방금 적은 점토판을 스승님께 가져다드렸다.

"여기, 마지막 그림부터 보시면 됩니다! 이 바깥쪽에 보이는 정사각형 면적이 말이죠…"

나는 심지어 그 길이마저도 간결한, 자랑스러운 증명 과정을 스승님에게 설명해드렸다.

설명을 모두 들은 스승님은 의외로 차분한 모습으로 그저 흐뭇하게 미소만 지으실 뿐이었다.

"스승님, 놀랍지 않으세요? 이 얼마나 아름다운 결과입니까! 무려 이걸 제가 해냈습니다!"

"허허 그래. 참 잘했구나. 대견하다. 네 설명을 쭉 들어보니 오류도 없는 듯하고. 내가 한 증명과는 전혀 다른 방법인데 오히려 나의 것보다 더 간결하구나. 역시 너는 수학에 소질이 있어."

"네? 지금 뭐라고 하셨습니까? 스승님께서 하신 증명이요? 혹시 스승님은 이미 이 정리를 증명하셨다는 겁니까?"

"그래. 본의 아니게 숨긴 모양새가 됐다만, 며칠 전 이미 난 이 정리에 대한 증명을 마쳤다. 그때 알려줄까 했는데, 네가 아주 깊이 몰입하고 있어서 굳이 말하지 않았지. 혹시라도 네가 포기하려 하면 그때 가서 알려주려고 했다. 의도치 않게 미안하게 됐구나."

"아, 아니 그럼 스승님께서는 어떻게 증명하셨는데요?"

스승님은 옆에 쌓인 여러 점토판 중에서 하나를 건네셨다. 나는 재빨리 내용을 훑어보았다. 증명 과정이 꽤 길어서 한눈에 들어오지는 않으나, 결론 부분에 분명하게 적혀 있는 피타고라스의 정리 식이 보였다.

한껏 흥분됐던 기분은 알 수 없는 허탈감에 스르르 가라앉았고, 작은 실망감이 그 자리를 채웠다.

그러고 보면 스승님은 일찌감치 증명을 마치셨기 때문에, 마치 그동안 다른 생각에 빠져 있던 것처럼 보인 것이로구나. 난 그런 줄도 모르고.

"아이고, 녀석아. 내가 너보다 먼저 증명했다고 풀이라도 죽은 게냐? 기운 내어라. 실제로 너의 증명은 나의 방식보다 탁월하니 말이다. 위로가 아닌 진심에서 하는 칭찬이다."

"하하… 그 말씀을 들어도 아까와 같은 희열은 올라오지 않네요. 그럼 스승님께서는 요즘 무슨 고민을 그리 깊게 하고 계셨던 겁니까? 설마 이 다음 과정을 이미 진행 중이셨던 건가요?"

"그래. 네가 분명 이 정리를 이용하면 다른 두 변의 길이가 모두 1일 때, 빗변의 길이가 무리수라고 하지 않았느냐? 이제 그걸 어떤 방식으로 입증해야 할지를 여러모로 모색하는 중이었다."

"방향이 잘 안 잡히시던가요?"

스승님은 고개를 끄덕이셨다.

"설령 무리수란 것이 존재한다고 하더라도 우리는 그것을 수와 비, 너의 표현대로라면 자연수와 유리수로부터 어떻게 유도할 수 있을지가 관건이다. 자연수로부터 유리수를 유도하는 건 '비'라는 도구로써 가능했지. 마찬가지로 유리수에서 무리수란 것을 유도해내려면 뭔가 독특한 도구나 수단이 필요할 텐데, 도통 그게 무엇일지 감이 잡히지 않는구나."

"자연수로 유리수를 만들었듯이, 유리수로 무리수를 만드는 방법 말이군요."

이 또한 이전까지 단 한 번도 생각하지 않았던 주제였다. 유리수로 무리수를 만들 수가 있나?

기억을 더듬어 보면 무리수는 '유리수가 아닌 실수'라고만 배웠었다. 마치 동전의 양면처럼 유리수는 유리수 따로, 무리수는 무리수 따로 존재하는 것처럼 취급했었고 말이다.

아이러니한 건, 유리수로 무리수를 유도하는 방법을 배웠던 기억은 없지만, 학교에서 분명히 $\sqrt{2}$의 무리성 증명을 다루기는 했다는 점이다. 학원에서도 배웠던 기억이 나고.

즉, 어쩌면 유리수로부터 직접적으로 유도하지 않아도 $\sqrt{2}$가 무리수라는 사실을 증명하는 방법이 있을지도 모른다.

동전의 양면이라….

문득 이런 생각이 들었다. 우리는 동전을 땅에 던졌을 때 땅바닥을 향한 면이 앞면인지 뒷면인지를 볼 수는 없다. 하지만 하늘을 향한 면을 눈으로 확인함으로써 알아낼 수 있다.

예를 들어 하늘을 향한 면이 동전의 앞면이라면? 우리는 동전의 땅바닥을 향한 면은 자동적으로 뒷면임을 알 수 있다.

어쩌면 이 방식을 무리수 증명에 응용해볼 수도 있지 않을까?

"스승님. 이렇게 접근하는 것은 어떻겠습니까? 직각삼각형의 빗변 길이가 무리수라는 걸 증명하는 게 아니라, 유리수가 아니라는 것을 증명하는 방식으로요. 생각해 보면 설령 유리수로 무리수를 유도했다 한들, 그 수가 진짜로 무리수인지를 알기는 힘들잖아요? 무수히 많은 유리수를 일일이 하나하나 다 대조해볼 수도 없는 노릇이고요."

"오호라?"

"아, 근데 그러려면 유리수가 아닌 수는 반드시 무리수여야만 한다는 전제가 필요하겠군요. 더 번거로워질 수도 있겠네요. 생각해 보니. 하하."

"아니다. 그거 꽤나 좋은 접근법인 것 같구나. 애당초 우리의 목적은 무리수가 존재한다는 사실을 밝히는 게 아니라, 유리수가 아닌 게 존재한다는 사실을 밝히는 것이니까, 그게 구체적으로 무엇인지를 논하는 건 부차적인 문제이지. 그리고 애초에 유리수를 자연수의 비로써 표현되는 수라고 정의하고, 무리수는 그에 대비해서 자연수의 비로 표현되지 않는 수라고 정의하면 네가 우려하는 문제도 사라진다. 직접적으로 접근하기 힘드니 우회해서 간다라. 생각할수록 기발한 접근법이구나."

··· 스승님. 사실 유리수는 자연수의 비가 아니라 정수의 비고, 유리수와 무리수 말고도 허수라는 수도 있습니다. 하지만 지금 이 분위기에서 말했다가는 일이 걷잡을 수 없이 커질 테죠.

"허허! 마침내 방향 하나가 잡혔구나. 일단 다른 두 변의 길이가 모두 1일 때 직각삼각형의 빗변 길이를 유리수라고 가정해 보는 거다! 그 결과 혹시라도 이치에 어긋나는 일이 발생하지는 않는지 살펴보는 거지. 이치에 어긋나는 결론을 얻는다면 그걸로 끝이다. 목적 달성이야! 만약 이치에 어긋나는 사항을 도저히 찾아내지 못한다고 하더라도 어차피 상황은 원점으로 다시 돌아온 것일 뿐이고, 연구 과정에서 얻게 될 다른 접근법들을 차례차례 검토하면 될 일이다.

엘마이온. 참으로 자랑스럽다. 이 못난 스승에게 너란 제자는 복덩이로구나. 복덩이!"

스승님은 근래 보지 못했던 너무나도 밝은 표정을 지어 보이셨다.

히파소스의
죽음

I.

"엘마이온, 자느냐?"

이 늦은 시간에 무슨 일로 날 찾으시는 거지?

"아니오. 깨어 있습니다."

"이리 와 보거라."

무슨 일이실까? 평소 연구를 잘하려면 수면 시간도 충분히 취해야 한다며 아무리 급한 일이 있어도 밤늦게 찾으신 적은 없는 스승님이었다. 아침에 발로 차며 깨우신 적은 많아도.

자리에서 일어나 주섬주섬 겉옷을 걸쳐 입는 그 순간, 섬찟한 기운이 두 귀를 스쳤다.

그 증상이다.

이내 또다시 그 아찔한 고통이 시작됐다.

("으악.")

시야가 깜깜해지고 삽시간에 짜릿짜릿한 기운이 머리에서 온몸으로 퍼졌다. 본능적으로 옆의 의자를 붙들고, 가만히 서서 정신을 잃지 않기 위해 온 신경을 집중했다.

"엘마이온, 오고 있느냐?"

"네, 스승님! 곧 갑니다!"

몇십 초 정도의 아찔한 시간이 지나자 드디어 고통이 서서히 사라져 갔다. 안도의 한숨이 나왔지만, 근래 들어 증상이 눈에 띄게 심해지고 있어 걱정과 무서움도 밀려왔다.

하지만 지체할 시간도 없이 나는 곧바로 아무 일도 없던 척 스승님의 방으로 건너갔다.

"무슨 일이십니까? 이 밤에."

예전에 내가 이 증세에 대해 스승님께 말씀드렸을 때, 스승님께서는 평소에 내가 건강관리를 소홀히 한 탓이라며 대수롭지 않게 여기셨다. 하긴 동네의 용하다는 의원들조차도 영문을 모르는데 스승님이라 한들 어찌 아시겠는가.

"뭐 하고 있었기에 늦장을 부리다 이제 온 게냐? 부르면 냉큼 오지 않고. 여기 이거. 너도 한번 검토해 봐라. 어디 틀리거나 어색한 부분은 없는지."

"네?"

스승님의 책상 위에는 글이 빼곡하게 적힌 점토판들이 놓여 있었다. 설마?

"혹시… 증명해내신 겁니까?!"

스승님은 더 이상 아무런 말씀 없이, 마치 넋이 나간 사람처럼 천천히 자리에서 일어나 밖으로 나가셨다. 왜 저러시는 거지?

나는 곧장 자리에 앉아 스승님이 가리킨 점토판들을 찬찬히 읽어 보았다. 그 시작은 밑변과 높이의 길이가 모두 1인 직각삼각형 그림부터였다.

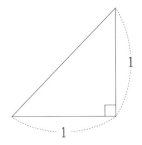

이 직각삼각형 빗변 길이의 제곱은 앞서 서술한 정리에 의해 다른 두 변 길이의 제곱 합과 같다. 즉, $1^2 + 1^2 = 1 + 1 = 2$이다.

이제 이 빗변의 길이를 두 수의 비로 표현할 수 있다고 하자. 즉, 서로소[1]인 어떤 두 수 α, β에 대해서 $\frac{\alpha}{\beta}$라 하자.

스승님은 의도적으로 나와 얘기할 때 자연스레 사용하던 자연수나 유리수와 같은 명칭을 쓰지 않으셨다. 아마도 후에 피타고라스 님에게 보여줄 것을 염두에 두신 거겠지.

---

1 공약수가 1뿐인 두 정수. 예를 들어 2와 3은 공약수가 1뿐이어서 서로소이지만, 2와 4는 1외에도 2를 공약수로 갖기 때문에 서로소가 아니다.

계속 읽어 보았다.

앞의 정리에 의해 이 값의 제곱 $\left(\dfrac{\alpha}{\beta}\right)^2$은 2이므로 $2=\left(\dfrac{\alpha}{\beta}\right)^2=\dfrac{\alpha^2}{\beta^2}$ 이고, 이 식의 양변에 β^2을 곱하면 $2=\dfrac{\alpha^2}{\beta^2} \Rightarrow 2\beta^2=\alpha^2$ 이다.

여기서 $2\beta^2$은 β의 값에 관계없이 항상 짝수이므로 α^2도 짝수이다. 따라서 어떤 적당한 수 γ에 대하여 $\alpha^2=2\gamma$ 라 쓸 수 있다.

이는 곧 α 또한 짝수임을 의미한다. 그 이유는 다음과 같다.

오호라… $\dfrac{\alpha}{\beta}$의 분자에 해당하는 α가 짝수일 수밖에 없다고? 계속 읽어 나갔다.

만약 α가 홀수였다고 하자. 즉, 어떤 적당한 수 δ(델타)에 대해 $\alpha=2\delta-1$라 해보자. 이를 제곱하면 $\alpha^2=(2\delta-1)^2=4\delta^2-4\delta+1=2(2\delta^2-2\delta)+1$이다.

여기서 $2\delta^2-2\delta$를 ϵ(엡실론)이라 하면, $\alpha^2=2(2\delta^2-2\delta)+1=2\epsilon+1$ 이므로 α^2은 ϵ의 값에 관계없이 항상 홀수이다. 이는 앞서 α^2이 짝수라는 사실에 모순이다.

그러므로 α는 짝수일 수밖에 없다.

놀라웠다.

스승님은 내가 이전에 제안했던 것처럼 직접적으로 증명하는 방식이 아닌 우회적으로 증명하는 방법을 아주 절묘하게 구사하셨다. α가 짝수인 이유를 α가 홀수가 아니라는 것을 밝힘으로써 말이다.

이 내용까지 보고 나니, 이런 우회적 증명 방법은 동전의 양면처럼 명확하게 두 가지 상황으로 양분되는 경우에는 항상 적용할 수 있겠다는 확신이 들었다.

실수는 유리수가 아니면 무리수라는 두 가지 상황으로 양분되니, 무리수임을 증명하기 위해 유리수가 아니라는 것을 증명한다. 마찬가지로 자연수는 짝수 아니면 홀수라는 두 가지 상황으로 양분되니, 짝수임을 증명하기 위해 홀수가 아니라는 것을 증명한다.

감탄이 나오는 탁월한 응용이었다.

α가 짝수이므로 이제 또 다른 적당한 수 θ(세타)를 가져와 $\alpha = 2\theta$라하자.

그러면 $2\beta^2 = \alpha^2 = (2\theta)^2 = 4\theta^2$이므로 $2\beta^2 = 4\theta^2 \Rightarrow \beta^2 = 2\theta^2$이다.

즉, 앞의 논리에 의해 β 또한 짝수일 수밖에 없다.

앞에서부터 현재까지의 흐름을 정리해 보면 다음과 같다.

① 밑변과 높이의 길이가 모두 1인 직각삼각형의 빗변 길이를 $\frac{\alpha}{\beta}$라한다.[2]

---

2 이때 α와 β를 서로소인 자연수로 두는 이유는 $\frac{2}{3}, \frac{4}{6}, \frac{6}{9}$ 같은 다양한 유리수를 $\frac{2}{3}$ 하나의 경우로 압축시켜 주기 때문이다.

② 피타고라스의 정리에 의해 $\left(\dfrac{\alpha}{\beta}\right)^2 = 1^2 + 1^2 = 2$이다. 즉, $\alpha^2 = 2\beta^2$이다.

③ $\alpha^2 = 2\beta^2$를 만족하는 α는 짝수일 수밖에 없다. 따라서 $\alpha = 2\theta$와 같이 쓸 수 있다.

④ $\alpha^2 = (2\theta)^2 = 4\theta^2 = 2\beta^2$이므로 $2\theta^2 = \beta^2$이다. 따라서 β 역시 짝수일 수밖에 없다.

점토판에 적힌 증명은 어느덧 마지막을 향하고 있다.

이는 두 수가 서로소라는 처음의 가정에 모순된다. 왜냐하면 α와 β가 모두 짝수이므로, 두 수 사이에는 적어도 2라는 공약수가 존재하기 때문이다.

따라서 $\left(\dfrac{\alpha}{\beta}\right)^2 = 2$를 만족하는 수의 비 $\dfrac{\alpha}{\beta}$는 애초에 존재하지 않는다.

명쾌하다!

논리적인 비약이나 어긋남은 전혀 보이지 않았다. 우리가 $\sqrt{2}$라고 부르는 수가 유리수가 아니라는 사실을 스승님은 그야말로 군더더기 없이 깔끔하게 증명해내셨다.

역시 대단하시다. 나는 여태껏 서론조차 제대로 띄우지 못한 상태였는데.

늘 가르침을 받는 입장에만 있다가, 공동의 목표를 두고 함께 부딪쳐 보니 새삼 히파소스 스승님의 지혜에 절로 감탄이 나왔다.

그런데 스승님은 이토록 멋지게 증명을 완성하셨음에도 왜 그다지 기버 보이지 않으실까? 나였으면 호들갑을 피우며 자랑하기 바빴을 텐데.

촛불을 끄고 밖으로 나가 보았다. 스승님은 바위에 앉아 하늘에 떠 있는 보름달을 바라보고 계셨다.

"스승님. 적어 놓으신 증명 다 읽어 보았습니다."

"틀린 곳은 없더냐?"

"네. 읽으면서 그저 감탄했을 뿐입니다! 역시 모든 마테마티코이 분들 중에 으뜸이라 불리시는 스승님답습니다. 제가 스승님의 제자라는 게 정말 자랑스럽습니다!"

"그래. 고맙구나."

"근데 왜 표정이 별로 안 좋아 보이시는 건가요? 엄청난 걸 해내신 거 아닙니까? 저 같으면 신나서 동네방네 떠들고 다녔을 겁니다! 하하."

"동네방네라… 허허. 왜? 너도 셀레네처럼 죽고 싶은 것이냐?"

순간 아차 싶었다. 그러고 보니 한동안 문제를 푸는 것에만 정신이 팔려서 까마득히 잊고 있었다. 우리가 증명해낸 이 이론이 얼마나 위험한 것인지를.

어쩌면 피타고라스학파를 무너뜨릴 수도 있는, 또는 나를 죽음으로 몰아넣을 수도 있는 이론이라는 사실을 말이다.

그런데 '셀레네처럼'이라니? 셀레네가 누구지?

"괜히 과격한 말을 해서 미안하구나. 엘마이온. 막상 이 상황에 놓이게 되니 마음이 심란해져서 그런 거라 이해해다오."

스승님께서는 이후로 말없이 달만 바라보셨다. 나는 그런 스승님의 옆에 서서 멍하니 자리를 지킬 뿐이었다. 도저히 뭐라 드릴 말씀이 떠오르지 않았다. 스승님께서는 대체 무슨 생각을 저리 깊게 하시는 걸까?

Ⅱ.

오랜만이다.

나는 스승님과 함께 피타고라스 학교로 가고 있다. 무리수의 존재를 증명한 연구 기록들을 등에 잔뜩 지고 말이다.

"엘마이온. 만약에 말이다."

"네."

"내가 죽임을 당한다면, 우리가 밝혀낸 이 이론을 나 대신 세상에 퍼뜨려 줄 수 있겠느냐?"

"어이구 스승님. 그런 불길한 소리 마십시오. 그렇게 위험하다고 느끼신다면 지금이라도 돌아가서 다시 생각해 보는 건 어떻습니까? 같이 천천히 생각해 보자고요."

"…"

"솔직히 스승님께서 피타고라스학파를 무너뜨리는 것이 목적이시라면 이 이론을 피타고라스 님에게 직접 전하는 것보다 차라리 사람들에게 바로 알려서 소문을 퍼뜨리는 편이 더 안전하고 효과적일 텐데요. 왜 굳이 이런 위험을 감수하시는 겁니까?"

"희망을 거는 것이다. 친구…였던 피타고라스에게 말이다."

"스승님!"

"피타고라스학파를 무너뜨리는 것이 내 목적이냐고 했느냐? 허허. 세상의 어느 아비가 자기 자식을 해하고 싶어 한단 말이냐? 지금은 비록 많이 비뚤어졌을지라도 다시 제자리를 잡기를 바라며 희망을 걸어보는 거다. 하지만 정말로 돌이킬 수 없을 정도로 비뚤어진 상태라면 그때는… 그래. 무너뜨리는 것이 맞겠지."

여담이지만, 젊은 날에 스승님은 피타고라스 님과 함께 이집트와 바빌로니아 등을 돌아다니며 방대한 수학 지식을 쌓았다고 한다.

그렇게 쌓은 지식을 다른 많은 사람과 나누기 위해 고향인 사모스섬에 돌아와 학교를 세우셨으나, 사람이 모이는 것을 극도로 경계한 사모스섬의 독재자 폴리크라테스에 의해서 간신히 죽을 고비만 넘기고 지금의 크로토네로 도피해 왔다고 한다.

연고도 없는 낯선 타지에서 바닥부터 시작해 지금처럼 큰 학파를 이룩하기까지, 피타고라스 님뿐 아니라 스승님도 얼마나 큰 노력을 쏟아부었을지는 감히 짐작조차 하기 어려웠다. 그야말로 인생의 결실과도 같은 것이겠지.

"만약 그래야 한다면… 아마도 그 역할을 수행해 줄 사람은 내가 아닌 너일 것이다. 피타고라스는 아마도 나를 가만두지 않을 테니 말이야."

"스승님!"

"허허. 어디까지나 만에 하나일 뿐이다. 설마 진짜로 피타고라스가 나를 죽이기야 하겠느냐?"

"농담으로라도 그런 말씀 마시지요. 만약 피타고라스 님이 정말로 스승님을 해하려 든다면 제가 몸을 던져 스승님을 구해내겠습니다!"

"허허허. 녀석아. 만에 하나라고 말하지 않았느냐?"

무거운 발걸음을 묵묵히 옮기다 보니 어느덧 피타고라스 학교에 도착했다. 웬 낯선 여성이 우리를 맞이했다. 그러고 보니 몇 개월 전에 왔었을 때는 어떤 아리따운 여성이 우리를 맞아줬던 것 같은데….

"어? 히파소스. 네가 웬일로…?"

"오, 에르사, 오랜만일세. 이젠 자네가 피타고라스 님의 시중을 들고 있구먼? 허허. 피타고라스 님은 안에 계신가?"

"계시지. 지난 몇 달 동안 학교엔 코빼기조차 보이지 않더니 갑자기 무슨 바람이 들어서 나타난 거야? 다들 네가 학파를 나간 줄로 알고 있었는데?"

"허허 그럴 리가 있나. 왜? 피타고라스 님께서 혹시 나에 대해서 그렇게 말씀하시던가?"

"… 아무튼 서재에 가면 계실 거야. 옆엔 누구지? 등에 잔뜩 지고 온 점토판은 혹시 학파에 기증할 연구 기록이야?"

"그건 알 필요 없고. 이 아이는 내 제자 엘마이온이네."

나는 허겁지겁 예를 갖춰 인사를 드렸다.

"안녕하십니까! 히파소스 님 밑에서 수행하고 있는 아쿠스마티코이 엘마이온입니다."

"오호, 네가 그 아이구나. 이름을 몇 번 들어 본 적은 있다. 실제로 보니 듣던 것처럼 명석해 보이지는 않는데? 호호."

"에르사!"

"호호호. 더 열심히 정진하라는 의미에서 한 말이야. 아무렴 히파소스 네가 거둔 제자인데 멍청하기까지야 하겠어?"

"지금 그게 내 앞에서 할 소리냐!?"

"미안 미안, 히파소스. 가볍게 장난 좀 친 건데 얼굴 좀 풀어. 호호. 아무튼 들어가 봐. 내가 굳이 데려다주지는 않아도 되지?"

나는 몹시 기분이 나빴지만, 보아하니 마테마티코이이신 듯한 분에게 감히 대들 수는 없었다. 그야말로 스승님의 얼굴에 먹칠하는 행위일 테니.

"그래. 우리를 안내할 시간에 텅텅 소리 나는 네 머리통에 글자 몇 개라도 더 새겨 넣는 게 시급하겠지. 하긴, 기본적인 인성이 그래서야 오히려 과한 지식은 악이 될 뿐이겠다만. 허허."

"뭐야? 너 지금 말 다 했어?"

"허허허. 에르사. 장난이야 장난! 얼굴 좀 풀게. 그럼 난 바쁘니 이만 들어가 보도록 하지."

얼굴이 뻘게진 에르사 님을 두고 스승님은 곧장 안으로 발걸음을 옮기셨다. 거참, 속 시원하다. 나도 부리나케 스승님의 뒤를 쫓아갔다.

피타고라스 님의 서재 앞에 다다르자 스승님은 간신히 들리는 작은 목소리로 나에게 속삭이셨다.

("엘마이온. 너는 들어가지 말고 여기 문밖에서 우리의 대화를 엿듣고 있거라.")

("네? 왜요?")

("허허. 처음 해보는 것도 아니지 않느냐? 왜인지 이유는 묻지 말고 시키는 대로 해라. 그리고 절대로, 안에서 무슨 일이 생긴다 해도 절대로! 안에 들어와서는 안 된다. 알았지?!")

("네? 아, 네…")

말을 마친 스승님은 점토판들을 건네받으시고선 결연한 표정으로 문을 열고 안으로 들어가셨다.

Ⅲ.

"오, 이게 누구야. 히파소스! 이게 대체 얼마 만이야?"

"그동안 잘 지내셨습니까. 피타고라스 님."

"아니 전에는 날 그리 꾸짖더니, 이번에는 존대해주는 거야? 고마워서 눈물이 다 나네. 핫핫핫. 마침 잘 왔어. 어서 이리와 한잔하지. 그렇게 서 있지 말고."

"제가 감히 피타고라스 님을 꾸짖다니요. 그리고 보아하니 이미 많이 취하신 듯합니다."

"아, 이 친구 진짜 서운하게. 오랜만의 장난도 안 받아주나? 그리고 나 하나도 안 취했는데?"

"…"

"핫핫핫핫. 아무튼 잘 왔어 히파소스. 안 그래도 너 오면 할 얘기도 많았는데 잘됐네."

"그리 할 얘기가 많으셨다면 한 번쯤 제집으로 오시지 않고요? 어딘지 모르시는 것도 아니잖습니까."

"아아, 그건 좀 힘들지. 너도 요즘 바깥 분위기는 어느 정도 알 거 아냐? 이제는 내가 예전처럼 그렇게 막 밖에 돌아다니지를 못해. 그래도 되는 위치가 아니거든. 핫핫. 웃기지?"

"오… 스스로 우스운 걸 아신다니. 거 듣던 중에 반가운 소리군요."

"아 이 친구… 이제 그만 좀 비꼬지? 오랜만에 만났는데 분위기 좋게 가자고. 그 불편한 경어도 이제 좀 치우고."

"그래도 되겠습니까?"

"에르사는 평소에 내 방 근처에도 안 오니까 걱정 마. 차라리 좀 왔음 좋겠네. 외로워 죽겠으니까."

"…"

"핫핫. 너는 이 기분 알려나? 군중 속의 외로움? 아아, 정말이지. 요즘은 내가 사는 게 사는 것 같지 않아. 옛날에 너랑 이집트에서 공부했던 때가 좋았지."

"후우… 어련하시겠어. 요즘엔 맘 편히 연구할 시간조차 없을 테지."

"맞아! 잘 아네. 연구해야 할 수학 주제는 산더미처럼 불어나는데, 아니 뭐 도통 시간이 나야지. 너라도 좀 내 곁에 있으면 부탁이라도 할 텐데, 너는 저번 대강연회 이후로 감감무소식이지. 에르사 쟤는 도통 수학에 젬병이지. 하아, 답답해서 요즘엔 술이라도 안 마시면 밤에 잠도 안 와."

"셀레네라도 곁에 있었으면 그런 걱정은 하지 않았을 텐데 말이야.

그치?”

“?”

“셀레네는 어디 있나?”

“셀레네라니? 그게 누구지?”

“뭐?”

셀레네? 그건 누구지? 아, 혹시 어젯밤에 스승님이 잠깐 언급하셨던 그 이름인가? 낯설지만 어쩐지 익숙한 이름이다.

“나 지금 너랑 장난하자는 거 아니야, 피타고라스. 마테마티코이 셀레네 말이다.”

“음? 그러고 보니 그런 이름을 가졌던 아이가 있었던 것도 같고…?”

“너 정말!”

안에서 스승님이 피타고라스 님의 옷을 와락 움켜쥐는 소리가 났다. 나는 깜짝 놀라 하마터면 문을 열고 들어갈 뻔했다.

“너 대체! 셀레네에게 무슨 짓을 한 거야?”

“너야말로 지금 이게 뭐 하는 짓이야? 셀레네가 누군데 그래?”

“이…! 불과 얼마 전까지 너의 시중도 들어줬던 아이를 어떻게!”

“내 시중? 아아, 에르사의 전임자 말하는 거야? 그 아이가 마테마티코이였던가? 얼마 안 된 일인 것 같은데 기억이 가물가물하네. 아무튼 그 아이를 어떻게 하다니? 무슨 오해를 하고 있는 거야? 그 아이는 어느 날 갑자기 저 스스로 사라졌어. 나도 걔가 사라지는 바람에 급히 후임자를 뽑느라 애먹었었다고!”

“뭐?”

“아, 이것 좀 놓고 말해, 말 그대로야. 한… 십 여일 전쯤인가? 그래 그때! 네가 왔던 마지막 대강연회! 그 며칠 전쯤에 갑자기 사라졌지.”

“너 지금 그게 말이라고…”

“아니, 내가 왜 거짓말을 해? 핫핫. 아니 근데 대체 그 아이가 너한테 어떤 존재였길래 이렇게 밑도 끝도 없이 화를 내는 거야? 뭐, 혹시 관심이라도 두고 있던 아이였나? 핫핫.”

“너 정말로 나를 바보 취급하는 거냐?”

“응?”

“이렇게 나오시겠다? 그래. 네가 그렇게 자꾸만 말을 돌리니, 내 단도직입적으로 말하지! 셀레네가 혹시 이론을 완성시켰나?”

“뭐?”

“자세하게 말해줘? 수로써 표현될 수 없는 사례가 밝혀진 거냐 물었다!”

“너 지금 무슨 말이 하고 싶은 거냐?”

쿵! 스승님이 점토판들을 바닥에 내려놓는 소리가 들렸다.

“계속 그렇게 우스꽝스러운 연기로 어물쩍 넘어가려는 속셈인 거 같은데. 너, 내가 말했었지? 새 이론을 받아들여야만 하는 상황에 놓이게 되면, 설령 자존심을 버릴지언정 옳은 길을 택하라고 말이야.”

“…”

“너는 이미 돌아올 수 없는 강을 건넌 것 같다만. 그럼에도 불구하고… 마지막으로 옛정을 생각해서 기회를 줄 테니. 어서 술 깨고 이것들이나 읽어 봐라!”

"이게 무슨? 너 설마…"

"달빛을 없애겠다고 손바닥으로 달을 가리는 행위가 얼마나 어리석은 행위인지, 이것들을 읽어 보면 깨닫게 될 거다."

스승님이 내려놓은 점토판들을 피타고라스 님이 순서대로 갈무리하는 소리가 들려왔다. 그로부터 또다시 긴 침묵이 이어졌다.

오랜 침묵을 깬 건 피타고라스 님의 몹시 떨리는 목소리였다.

"너 대체 무슨 이론을 만든 거야, 히파소스! 이건 우리 학파의 근간을 무너뜨릴 수도 있는 이론이야!"

"진실은 아무리 감추려고 해도 언젠가는 결국 드러나게 되어 있지. 셀레네와 나만 이 사실을 알아낼 거 같아? 천만에. 시간이 지나면 자연스럽게 이 이론은 세상에 드러나게 될 거다. 우리 학파는! 그런 학문 발전의 최전선을 이끄는 것을 목표로 세운 학파야! 지금처럼 학문의 발전을 가로막고 지식을 독점하기 위해서 세워진 게 아니라!"

"맙소사. 이것은… 안 돼! 이 이론은 절대로 밖에 퍼져선 안 돼!"

피타고라스 님이 허둥지둥 점토판들을 끌어모으는 소리가 들려왔다.

"한심한 너의 그 꼴을 보니 그나마 남아 있던 친구로서의 정마저도 다 떨어지는구나. 보아하니 끝내 고집을 부릴 셈인가 본데… 알겠다. 내가 직접 이 이론을 발표하도록 하지. 마지막으로 기회를 줬는데도 차버린 건 너니, 날 너무 원망하진 마라. 우리 학파는 내일 처음부터 다시 시작하는 거다. 그리고! 너는 앞으로 살면서 평생 셀레네에게 뉘우치는 마음을 안고 살아라. 당분간 서로 볼 일 없었으면 좋겠다."

"안, 안 돼, 히파소스! 거기 서! 안 돼! 거기 서!"

문 쪽으로 성큼성큼 걸어오는 스승님의 발걸음 소리가 몇 번 들리던 찰나였다.

뻐거걱!

크게 파열음이 울렸다. 이내 쿵 하고 무엇인가 크게 쓰러지는 소리가 들렸다. 너무나도 놀란 나는 스승님의 명을 어기고 급히 문을 열어 안으로 들어갔다.

"헉!"

내 눈앞에 믿을 수 없는 광경이 펼쳐졌다. 바닥에는 스승님이 피를 흘리며 쓰러져 계셨고, 그 옆에는 우리의 연구 기록이 적힌 점토판 하나가 부서진 채 널브러져 있었다. 몇 걸음 떨어진 곳에는 술에 취해 온몸이 시뻘게져서, 놀란 토끼 눈을 한 피타고라스 님이 망연자실하게 서 있었다.

"너, 너는 히파소스의 제자? 아니 갑자기 어디서. 대체 언제부터 듣고 있었던 거냐! 이놈!"

나는 광기 어린 피타고라스 님의 두 눈을 보고선 엄습하는 공포에 본능적으로 뒤돌아 자리를 박차고 나왔다.

'이럴 수가! 어떻게 이런 일이… 피타고라스 님이 아니, 피타고라스가 나의 스승님을… 죽였다!'

터질 듯이 쿵쾅거리는 심장 소리가 두 귀를 가득 채웠다. 정신없이 뛰었다. 영문을 몰라 당황한 에르사 님을 지나치고 학교를 빠져나왔다.

그대로 나는 무작정 집으로 뛰어갔다. 머릿속에는 아무 생각도 나지 않았고, 두 다리는 그저 본능적으로 사력을 다해 땅을 박찰 뿐이었다.

Ⅳ.

분명히 피타고라스는 나를 가만두지 않을 것이다. 당장 내일이라도 피타고라스학파 사람들이 집으로 들이닥쳐 나를 죽일 것이다. 금방이라도 끌려가 죽을지도 모른다는 두려움에 떨리는 몸과 마음이 좀처럼 진정되지 않았다.

지금 당장 집을 벗어나서 어디론가 도망쳐야 한다.

그런데 대체 어디로 가야 하지? 이 마을에서 피타고라스학파의 영향이 미치지 않는 곳이 있나? 설령 내가 아주 먼 곳으로 도망친다고 하더라도 과연 그들이 나를 찾아내지 못할까? 그들의 영향이 미치지 않는 곳은 어디에도 없을 것만 같은데.

차라리 선수를 칠까? 날이 밝으면 시장에 나가 내가 먼저 피타고라스의 만행을 사람들에게 퍼뜨릴까? 피타고라스학파의 교리는 거짓 위에 세워진 허상이고, 피타고라스는 진실을 막기 위해서 자신의 오랜 친구인 마테마티코이 히파소스마저 죽인 파렴치범이라고?

그런데 과연 사람들이 내 말을 믿어줄까?

아아, 불쌍하신 스승님. 그렇게 허무하게 돌아가시다니! 머리에 피를 흘리며 쓰러져 계셨던 스승님의 모습이 아직도 눈앞에 선하다. 만에 하나 목숨이 붙어 있다 한들 무사히 돌아오시지 못할 게 뻔하다.

설마 그 복도에서 나누었던 얘기가 마지막으로 들은 스승님의 음성이 될 줄이야. 그게 마지막 말씀이 될 줄이야….

바보같이 나는 그 자리에서 도망쳐 나오기에 바빠서 연구 내용이 기록되어 있는 점토판들을 단 하나도 챙겨 나오지 못했다. 스승님께서는 나에게 우리가 완성한 이론을 세상에 퍼뜨려 달라고 부탁하셨는데 말이다. 마치 본인에게 그런 사고가 생길 것을 미리 알고 계셨던 것처럼.

지금 학교로 돌아가 봐야 호랑이 굴에 들어가는 꼴일 것이다. 아마도 피타고라스가 이미 그 점토판들을 모두 부숴버렸을 테니 말이다.

지금부터라도 재빨리 새로운 점토판들을 제작해야 할까? 과연 해가 뜰 때까지 작업을 다 마칠 수 있을까?

일단은 점토가 있는 스승님의 방에 들어가 보았다. 그리고 나는 스승님의 혜안에 탄복할 수밖에 없었다. 책상 위에는 마치 이런 상황을 예견이라도 했듯, 우리의 연구 내용이 빼곡히 정리된 점토판들이 가지런히 쌓여 있는 게 아닌가.

그리고 그 옆에는 웬 작은 크기의 점토판이 놓여 있었고, 그 점토판의 첫 줄엔 나의 이름이 선명히 보였다.

엘마이온. 지금 네가 이 글을 읽고 있다는 것은, 이 못난 스승이 너에게 결국 큰 짐을 지우고 말았다는 것을 의미하겠지.

이건… 스승님께서 나에게 남기신 편지다. 스승님의 글씨를 보는 순간 나도 모르게 눈시울이 뜨거워졌다.

혹시 몰라서 우리 연구의 전체적인 내용을 점토판에 따로 기록해 두었다. 비록 이처럼 상세하게 적지는 않았으나, 대략적인 내용을 파악할 수 있는 요약본들 또한 창고에 쌓아두었으니 날이 밝으면 이것과 함께 세상에 퍼뜨려 다오.

그리고 창고에 둔 요약본들 옆에, 급한 대로 내가 현재 가진 드라크마[3]도 모두 모아두었다. 사람들에게 점토판들을 전해준 후에 그것을 챙겨서 급히 이 마을을 떠나 몸을 피하도록 해라.

미안하구나. 그동안 너를 꾸짖기만 했던 나를 아마도 너는 원망했을지 모르겠다. 비록 내가 표현하진 않았다만, 사실은 너 같은 훌륭한 제자를 두어서 마음속으로 늘 뿌듯하고 자랑스럽고 감사했단다.

그동안 이 못난 스승을 군말 없이 따라줘서 고맙고, 내 생의 끝까지 연구에 큰 도움을 주어서 정말 고맙다. 다음 생에서 다시 만나게 된다면, 그때는 이번 생애보다 상냥하고 자상한 스승이 될 것을 약속하마. 부디 무사해라.

나는 그 자리에 주저앉아 하염없이 펑펑 눈물을 쏟았다.

---

3 고대 그리스의 화폐.

V.

'이걸 대체 어느 세월에 다 나눠주지? 나눠주기는커녕 그 전에 피타고라스학파 사람들한테 꼼짝없이 잡히겠네.'

스승님이 남겨 놓은 점토판들을 수레에 가득 싣고서 낑낑대며 시장으로 걸음을 옮겼다.

해가 뜨는 대로 학파에서 피타고라스의 명령을 받은 사람들이 나를 잡으러 온 마을을 뒤지고 다닐 게 뻔한데, 이 많은 점토판을 무슨 수로 들키지 않고 사람들에게 나눠줄지 무척이나 난감했다.

금방이라도 추격당할 것 같은 불안감과 스승님의 유언을 수행해야 한다는 사명감이 마음속에서 마구 충돌하는 그때, 또다시 귀에서부터 섬찟한 기운이 스쳐 지나갔다.

맙소사, 또? 곧바로 까무러칠 듯 머리가 아찔해지기 시작했고, 눈앞은 캄캄해졌다. 나는 소스라치며 하마터면 수레를 놓칠 뻔했다. 간신히 정신력을 발휘해 손잡이를 붙들고 고통과 싸우기 시작했다.

오늘은 정말 견디기 힘들 정도로 고통이 극심했다. 온몸에 식은땀을 흘리며 생사가 오가는 듯한 시간이 얼마쯤 흘렀을까. 서서히 고통이 가라앉으며 온몸의 긴장이 풀려 힘이 쭉 빠져나갔다.

문득 수레에 실린 산더미 같은 점토판들이 눈에 들어왔다. 이런 몸으로 이 많은 걸 사람들에게 다 나눠줄 수 있을지를 생각하니 막막하기만 했다.

그때 문득 길가에서 노숙하고 있는 거지들이 눈에 들어왔다. 옳거니! 순간 머리가 빠르게 돌아갔다.

나는 수레의 손잡이를 조심스레 내려놓고선, 힘이 풀린 두 다리를 털레털레 이끌고 옆에 있는 거지에게로 다가갔다. 옆으로 돌아누운 거지는 깊이 잠들지 못하고 이리저리 몸을 뒤척이고 있었다.

"저기요?"

대답이 없었다. 좀 더 다가가서 몸을 흔들며 말을 건넸다. 윽! 냄새…

"저기요. 혹시 제 부탁 좀 들어주실 수 있을까요? 돈은 넉넉하게 드릴게요."

거지는 잔뜩 찌푸린 얼굴로 돌아보며, 잔뜩 가라앉아 갈라진 목소리로 힘겹게 말했다.

"지금 나에게 한 소리요?"

"네. 어르신. 제가 1드라크마⁴를 드릴 테니까, 해 뜨기 전까지만 제 일 좀 도와주세요."

거지의 두 눈이 커졌다. 잠깐 하는 노동의 대가치고는 큰 금액일 테니 구미가 당긴 모양이다.

"해뜨기 전까지만 말이오? 무슨 일인데 그러쇼?"

"저기 수레에 실린 점토판들을 시장에서 장사를 준비하고 있는 사람들에게 나눠주는 일입니다."

거지는 완전히 내 쪽으로 돌아누우며 게슴츠레한 눈으로 수레를 바라보았다.

---

4 현재 가치로 약 5만 원.

"저 많은 걸 다 말이오? 얼핏 봐도 해 뜨기 전까지 끝낼 수 있는 양은 아닌 거 같은데?"

옳거니. 일단 거지의 관심을 끄는 데는 성공했다. 이제 다음 단계다.

"그럼 혹시 어르신께서 이 일을 도와줄 다른 분들을 좀 모아주실 수 있나요? 저 수레에 있는 모든 점토판을 해 뜨기 전까지 사람들에게 나눠주신다면 그분들 몫까지 쳐서 10드라크마를 드리겠습니다."

"에엑, 그런 큰돈을 준다고? 진짜로? 그야 전혀 어려울 거 없지! 근데 저게 대체 뭔데 그러시오?"

"그걸 지금 설명하기는 좀 곤란한데… 혹시 꼭 말씀드려야 하나요?"

"음… 아니오. 괜찮소! 어차피 말해줘 봐야 뭔지도 모를 것 같구면. 아무튼 거 좀만 기다려 보쇼."

거지는 자리를 툭툭 털고 일어나더니 근처에 누워 있는 다른 거지들을 발로 차며 깨우기 시작했다.

"어이, 일어나봐들! 오늘 오랜만에 배불리 먹을 수 있게 됐어!"

이미 우리의 대화를 엿듣고 있던 몇몇 거지들은 자발적으로 자리에서 일어나 이쪽으로 오고 있었다.

순식간에 열 명이 넘는 거지가 모였다.

"됐습니다! 지금 오신 분까지만 받을게요. 그만 오세요!"

나는 모인 사람들에게 적당히 점토판들을 배분해 주며 해야 할 일을 자세히 설명했다.

"자, 그럼 지금부터 하실 일을 말씀드릴게요! 일단 이것들을 가지고 시장으로 가서 장사를 준비하고 있는 사람들에게 나눠주면 됩니다. 단,

글을 읽을 수 있는 사람인지를 확인하고서 나눠주어야 합니다. 그리고 이미 받은 사람에게 또 주진 마시고요. 혹시 이게 무엇인지를 물어보는 사람이 있거든 그냥 읽어보라고만 대답해 주세요. 모두 배포하신 후에는 이 자리로 돌아오시면 됩니다. 그러면 한 분당 1드라크마씩 일괄적으로 드리지요!"

나의 말을 들은 거지들은 이게 웬 떡이냐는 표정을 지으며 점토판들을 들고 일사불란하게 흩어졌다. 모두가 시장 쪽으로 사라진 것을 확인하고, 나는 보수로 챙겨줄 드라크마를 가지러 집 쪽으로 발걸음을 돌렸다.

걱정했던 것보다 일이 아주 수월하게 풀렸다. 스승님이 이런 나를 보셨다면 기특하다고 칭찬하셨을 거다.

빈 수레와 함께 뿌듯한 마음으로 집이 보이는 길로 들어서려는 그때였다.

"저기 있다! 저놈이 바로 히파소스의 제자야!"

갑작스러운 외침에 정신이 화들짝 들었다. 맙소사! 어느새 피타고라스학파에서 보낸 것이 분명한 장정 한 무리가 집 앞에서 진을 치고 있는 게 아닌가!

나는 재빨리 수레를 내려놓고 뒤돌아서 정신없이 도망치기 시작했다.

잡히면 죽는다!

하지만 야속하게도 한 번 풀려버린 두 다리는 평소처럼 힘이 나지 않았다. 나를 쫓아오는 수많은 발소리와 쿵쾅대는 나의 심장 소리가 귀를 울렸다.

지금 이 상황에서는 더 도망쳐 봐야 잡힐 것이 뻔하다. 나는 일부러 길을 꺾어 골목이 많은 지역으로 들어간 뒤 숨을 만한 곳을 찾아 빠르게 주위를 눌러보았다.

순간 막다른 골목에 아무렇게나 버려져 있는 나무 상자들이 눈에 들어왔다.

더 깊게 생각할 겨를도 없이 나무 상자들을 헤치고, 안쪽에 있는 커다란 나무 상자 안으로 들어갔다. 상자 덮개의 손잡이를 안쪽으로 향하게 뒤집어 씌우고선 조용히 숨을 죽이고 바깥소리에 온 신경을 집중했다.

제발 이대로 다들 지나쳐다오.

간절한 마음으로 빌고 또 빌었다.

VI.

얼마나 시간이 흘렀을까?

지면을 울리던 사람들의 발소리는 사라진 지 오래지만, 불안한 마음에 나는 좀처럼 밖으로 나갈 용기를 내지 못했다.

해는 어느새 중천에 떴는지, 상자의 틈새로 밝은 햇살이 비춰 들어오고 있었다.

그러고 보니 그 거지들은 시장 사람들에게 점토판을 잘 나눠줬을까? 대가로 1드라크마씩 주기로 약속했는데, 본의 아니게 사기를 친 꼴이 되었다.

다시 한번 바깥소리에 귀를 기울여 보았다. 이파리 하나 굴러가는 소리 없이 고요했다.

심호흡을 크게 하고 용기를 내서 상자 덮개를 열려는 찰나, 멀리서 사람들의 목소리가 들려오기 시작했다.

"야 너희들, 저쪽 상자들도 다 뒤져봤어?"

큰일 났다! 추격자들이 내가 있는 쪽으로 다가오고 있었다.

"아까 이쪽을 뒤졌던 사람들이 보지 않았을까요?"

"그랬겠지…? 아냐. 혹시 모르니까 한번 가서 다시 뒤져봐."

온몸의 털이 쭈뼛쭈뼛 곤두서고, 등에는 식은땀이 흘렀다. 나는 뚜껑 손잡이를 있는 힘껏 꽉 붙들었다.

이내 추격자들은 근처에 있는 상자들을 뒤지기 시작했고, 곧바로 내가 숨어 있는 상자로 다가와 뚜껑을 열려고 했다. 그들의 힘이 고스란히 전해졌다.

"어? 이건 뚜껑이 안 열리네?"

나는 사력을 다해서 뚜껑을 꽉 붙들었다. 뚜껑을 쥔 두 손이 바들바들 떨렸다.

"이거 왜 안 열리지? 원래 안 열리는 건가?"

그 순간.

절망스럽게도 섬찟한 그 기운이 또다시 내 귀를 스쳐 지나갔다. 아니, 대체 왜? 이렇게 하루에 연거푸 증상이 몰아쳤던 적은 한 번도 없었는데! 이윽고 마치 번개라도 내리친 듯, 그 어느 때보다도 강한 고통이 머리부터 온몸으로 퍼졌다.

"으으윽!"

고통을 참기 위해 안간힘을 썼으나, 나도 모르게 꽉 깨문 이 틈새로 신음이 새어 나왔다.

"어? 지금 안에서 무슨 소리가 들린 것 같은데?"

최악이었다. 나의 소리를 들은 사람들은 더욱 강한 힘으로 뚜껑을 열려고 하였다.

이윽고 시야는 캄캄해졌고 아무것도 보이지 않았다. 온몸을 관통하는 아찔한 기운 때문에 금방이라도 기절할 것만 같았다.

나는 이대로 죽는 걸까? 도저히 이 상황을 벗어날 방법은 없는 걸까?

제발, 지금 이 순간이 악몽이었으면… 현실이 아니었으면….

기절할 듯한 정신을 간신히 붙들며, 죽을힘을 다해서 뚜껑을 사이에 두고 힘 싸움을 벌인 지 오래. 마침내 온몸을 자극하던 아찔한 기운이 서서히 사라지기 시작했다.

하지만 커다란 괴로움 하나가 사라지는 데서 오는 안도감도 잠시, 온몸의 기운이 빠져나감과 동시에 별안간 참을 수 없을 정도로 잠이 쏟아지는 게 아닌가!

'안 돼…'

뚜껑을 움켜쥔 두 손의 힘도 맥없이 풀렸다. 내 몸은 절망스럽게도 더 이상 의지대로 움직여지지 않았다. 눈앞은 여전히 캄캄했고, 심지어 귀마저 잘 들리지 않았다.

추격자들이 뚜껑을 열고서 날 발견한 모양인지, 웅성웅성하는 말소리가 들렸으나 뭐라고 하는지는 분명치 않았다.

모든 것을 포기하고 마음을 내려놓으려는 순간.

다시 몸의 감각이 천천히 돌아오기 시작했다. 나는 사람들의 말소리를 듣기 위해 두 귀에 신경을 집중했다.

그리고 이내 낯선 사람의 목소리가 서서히 명확하게 들려왔다.

"…나."

응? 뭐라고 하는 거지?

"야. 일어나."

피타고라스는 어떤 사람인가?

피타고라스(기원전 570년~기원전 495년 추정)는 피타고라스학파라 불린 종

교 단체의 교주이다.

사모스섬에서 태어났으며, 어린 시절 이집트를 비롯하여 여러 지방을 널리 여행하면서 학식을 닦았다.

기원전 530년 즈음에 그는 남부 이탈리아의 크로토네로 이동하여 종교적인 학파를 세웠다. 피타고라스의 제자들은 피타고라스가 만든 종교적 의식들과 훈련을 수행하고 그의 이론을 공부했다.

학파는 크로토네의 정치에도 적극 간섭했는데, 이는 결국 자신들의 몰락을 초래했다. 후에 피타고라스학파 건물들은 도시 사람들의 방화로 추정되는 불에 타버렸고, 피타고라스는 크로토네에서 약간 북쪽으로 떨어진 메타폰툼으로 피신했으나 그곳에서 살해되었다고 한다.

흔히 피타고라스 하면 위대한 수학자나 과학자로 추앙받지만, 사실 그에 관한 정보 대부분은 학파 사람들에 의해서 후대에 창작된 내용이 많아 신뢰하기가 어렵다. 그렇기 때문에 현대의 학자들은 그가 수

학과 자연철학에 기여했다는 사실 자체에 의문을 품기도 한다. 실제로 피타고라스의 정리를 비롯해서 피타고라스가 이루어냈다고 하는 많은 업적이 어쩌면 그의 동료나 제자들의 공적이었을 가능성도 크다.

히파소스는 어떤 사람인가?

히파소스는 피타고라스학파의 수학자이다.

그의 삶에 관하여 알려진 것은 없으나, '피타고라스의 정리'를 이용하여 무리수 $\sqrt{2}$를 최초로 발견한 인물로 꼽힌다. 또한 이 수가 자연수의 비로써 표현될 수 없다는 사실도 증명해냈다.

그러나 당시 피타고라스학파는 만물의 근원이 자연수라고 생각했고, 모든 수는 자연수의 비로 표현할 수 있다고 가르치고 있었다. 즉, 무리수의 존재는 피타고라스학파 세계관의 불합리성과 오류를 암시했다.

또한 그는 피타고라스학파 내에서만 공유되는 여러 수학적 정리들을 대중에게도 널리 전파해야 한다고 주장하며 몇 가지 대중 저작물을 출간하기도 했다.

결국 그는 피타고라스학파에서 이단으로 여겨져 암살되었다고 전해진다. 또는 학파 회원들에 의해 지중해에 수장되었다는 설도 있다.

피타고라스학파는?

피타고라스학파는 기원전 5세기 무렵 피타고라스와 그의 계승자들을 통해 번성했던 고대 그리스의 철학 분파이자 종교 집단이다.

피타고라스학파의 내부 층에 해당하는 제자들은 피타고라스의 정통 후계자들로서 '배우는 자'라는 뜻의 마테마티코이mathematikoi라 불렸으며, 외부 층에 해당하는 피타고라스주의자들은 '듣는 자'라는 뜻의 아쿠스마티코이akousmatikoi라 불렸다.

피타고라스학파의 주된 교의는 수학과 종교이며, "만물의 원리는 수數이며 만물은 수를 모방한다."라고 주장하였다. 나아가 가족·생활법·음악·의술·정치·조화·우주생성론 등을 다뤘다.

또한 그들은 윤회와 전생을 믿었다. 즉, 혼이란 일시적인 현상이 아닌 불멸하는 실체이며, 몸이 소멸할 때마다 혼은 다른 몸속으로 들어간다고 주장했다. 이를 '혼의 전이설'이라 한다.

피타고라스학파의 종교 결사 규칙들은 다음과 같다.

콩을 멀리할 것, 떨어진 것을 줍지 말 것, 흰 수탉을 만지지 말 것, 빵을 손으로 뜯지 말 것, 빗장을 지르지 말 것, 철로 물을 젓지 말 것, 화환의 꽃을 뜯지 말 것, 말 위에 앉지 말 것, 태양을 향해 오줌을 누지 말 것, 큰길로 다니지 말 것 등.

에피소드 1에 나오는 수학

① 완전수

자기 자신을 제외한 양의 약수를 더했을 때 다시 원래의 수가 되는 자연수. 6, 28, 496, 8128 등이 이에 해당한다.

참고로 현재까지 밝혀진 완전수는 모두 짝수이며, 홀수인 완전수가 존재하는지는 지금까지도 해결하지 못한 수학계의 난제 가운데 하나다.

② 소수와 합성수

소수란 1과 자기 자신으로밖에 나누어 떨어지지 않는 1이외의 자연수이고, 합성수란 둘 이상의 소수를 곱한 수이다.

소수와 합성수에 대한 최초의 기록은 고대 이집트 시대의 파피루스에 나온다. 당시 파피루스에는 소수와 합성수를 분명하게 구분해 각기 다른 형태로 표기하고 있다. 하지만 소수와 합성수를 명확히 구분해낼 수 있는 공식은 오늘날까지도 발견되지 않았다.

③ 소인수분해

합성수를 소수들의 곱으로 나타내는 방법이다. 산술의 기본 정리에 따라, 모든 자연수는 소수들의 곱으로써 표현되는 방법이 유일하게 존재한다(곱의 순서를 바꾸는 것 제외).

하지만 소인수분해를 일의적으로 결정하는 공식은 현재까지 발견되지 않았다. 그래서 이를 기반으로 오늘날 공개키 암호시스템 중 하나인 RSA 암호체계가 만들어졌다. 1993년에 미국의 이론 컴퓨터 과학자 피터 쇼어는 양자 컴퓨터를 이용해 임의의 정수를 다항 시간 안에 소인수분해를 하는 '쇼어 알고리즘'을 발표했으나, 양자 컴퓨터가 그 정도 수준으로 실용화되기까지는 아직도 넘어야 할 산이 많은 상황이다.

④ 유리수와 무리수

유리수란 두 정수의 비로 나타낼 수 있는 수(분수)이고, 무리수란 두 정수의 비로 나타낼 수 없는 실수이다. 제곱하여 2가 되는 수인 $\sqrt{2}$ 가 대표적인 무리수이다.

참고로, 무리수를 십진법으로 전개하면, 같은 수의 배열이 반복적으로 나타나지 않는 무한소수(비 순환소수)가 된다. 예를 들어 $\sqrt{2} = 1.4142135623730950548801\cdots$ 와 같다.

이와 반대로, 유리수의 십진법 전개는 유한소수이거나 순환소수가 된다. 예를 들어 $\frac{1}{4} = 0.25$, $\frac{1}{3} = 0.3333\cdots(=0.\dot{3})$, $\frac{1}{7} = 0.142857142857142857\cdots(=0.\dot{1}4285\dot{7})$ 등과 같다.

⑤ 피타고라스 정리와 피타고라스 삼조

피타고라스 정리란 직각삼각형의 빗변 제곱이 두 직각변을 제곱한 합과 같다는 정리이고, 피타고라스 삼조는 그러한 피타고라스 정리를 만족시키는 세 자연수 쌍이다. 예를 들어 (3, 4, 5)가 대표적이다.

피타고라스 삼조는 피타고라스 시대 이전부터 이미 바빌로니아와 이집트에 널리 알려져 있었으며, 고대 중국인과 인도인 또한 이를 알고 있었다.

피타고라스학파에서 이 피타고라스 삼조를 구하는 방법인 피타고라스 정리를 발명하고 증명했다고 알려져 있으나 사실 여부는 확실치 않다.

이에 대해 5세기 무렵에 활동했던 로마의 수학자 프로클러스가 유클리드 원론의 주해를 쓸 때, 이 정리의 발명과 최초 증명에 대한 공로를 피타고라스에게 돌린 것이 오늘날 우리가 부르는 '피타고라스의 정리'의 유래라는 설이 있다.

⑥ 귀류법

어떤 명제가 거짓이라 가정하였을 때 모순되는 결론이 나온다는 것을 보임으로써, 결과적으로 명제가 참이라는 사실을 증명하는 방법이다.

이는 명제가 논리학적으로 참과 거짓이 명확하고, 참과 거짓 외의 경우는 없다는 특성에 의존하는 증명법이다.

예를 들어 '피타고라스는 사람이다'는 참인 명제이고, 이의 부정인 '피타고라스는 사람이 아니다'는 거짓인 명제이다. 그 둘 외의 다른 경우, 예를 들어 '피타고라스가 사람인지 아닌지 알 수 없는 상황' 같은 경우는 없다고 상정한다.

유클리드 시대

Euclid

공동의
과제

"율리우스, 일어나. 잠꼬대 그만하고."

"어? 어!"

벌떡 몸을 일으켰다. 책상에 엎드려 잠들었던 모양이다. 베고 있던 팔은 온통 침으로 흥건했다.

"여, 여긴 어디야?"

"너 어제 잠 못 잤냐? 어떻게 된 녀석이 도서관에서 잠꼬대까지 하면서 자냐?"

주위를 두리번거렸다. 알렉산드리아[1] 도서관이었다. 참, 지금 과제를 하던 중이었지?

---

1 현재 이집트 북부 알렉산드리아 주의 지중해에 면한 항구 도시. 기원전 4세기 알렉산드로스 대왕이 자신의 이름을 붙여 세웠다. 그때부터 이집트의 수도로서, 이집트와 지중해 역사에서 가장 중요한 역할을 한 도시 가운데 하나이다.

"어휴… 죽는 줄 알았네."

"엎드려 자면서 무슨 꿈을 그리 꿨냐? 궁금하네."

"장난 아니었어. 지금도 너무 생생해. 나 진짜 깬 거 맞지? 아직 꿈 아니지?"

"왜? 크크. 뺨이라도 한 대 때려줄까?"

손바닥으로 양 볼을 툭툭 쳤다. 감각이 생생한 걸 보니 확실히 현실이다. 와… 그 모든 게 다 꿈이었다고?

"야, 마침 나도 집중 안 되던 참이었는데, 바깥바람이나 잠깐 쐬고 오자."

"어… 그래."

친구를 따라 도서관 밖으로 나오니 공기가 몹시 상쾌했다. 맑은 공기를 깊이 들이쉬었다. 주위를 보니 청명한 하늘 아래 많은 사람들이 광장을 지나다니고 있었다.

"후아… 진짜 너무나 생생한 꿈이었어. 지금까지 꾼 꿈 중에서 최고로."

"무슨 꿈이었는데?"

"그게, 내가 히파소스 스승님의 제자였는데, 스승님의 죽음에 엮이게 되면서 나도 죽을 뻔했지 뭐냐."

"뭐? 푸하하하!"

그래 웃기겠지. 내가 말하면서도 웃기니까.

"히파소스라면 피타고라스학파에서 무리수를 발견해서 수장된 사람을 말하는 거야? 와, 지금 히파소스 스. 승. 님이라고 했냐? 감정 이입이 장난 아닌데? 푸하하!"

"아이씨, 야! 사람들이 쳐다보잖아. 적당히 해라."

"그럼 혹시 꿈에서 피타고라스도 봤고? 이야, 그럼 피타고라스는 아주 대스승님이었겠네? 크크크."

봤다마다…. 첫인상은 참 좋은 양반이었지. 생긴 것도 훤칠하고 목소리도 멋지고.

하지만 스승님을 죽였을 때, 서재 안으로 뛰쳐들어간 나를 쳐다보던 그 광기 서린 얼굴은 지금 다시 생각해도 소름이 끼친다.

잠에서 깬 지 시간이 좀 흘렀지만 아직도 꿈과 현실이 잘 구분되지 않는다. 특히 마지막 순간에는 어찌나 상자 뚜껑을 세게 잡았던지, 아직도 두 손이 얼얼하다.

"야, 근데 너 오늘 일리아나랑 만난다고 하지 않았냐? 과제 같이하기로 했다며?"

"아. 맞다!"

급히 해시계로 달려가서 몇 시인지를 확인해 보았다. 이런, 약속한 시간에 늦었다!

"나 먼저 갈게. 깨워줘서 고마워!"

"야, 얼굴에 자다 눌린 자국이나 좀 문지르면서 가라! 크크."

허겁지겁 광장의 사람들을 가로질러서 일리아나와 만나기로 한 장소로 뛰어갔다. 참 희한한 꿈이었다… 라고 생각하며.

Ⅱ.

저 멀리 앉아 있는 일리아나가 보였다. 반가움에 기분이 들뜨려는 찰나 일리아나와 마주 앉아 얘기를 나누고 있는 아르키메데스도 눈에 들어왔다. 저 녀석은 왜 왔지?

"아, 저기 율리우스 왔네!"

나를 발견한 일리아나는 반갑게 손을 흔들었다. 나도 손을 들어 화답했다.

"미안. 좀 늦었지? 근데 아르키메데스는 여기 웬일이야?"

"내가 불렀어. 같이 머리를 모으면 더 다양한 내용이 나오지 않을까 싶어서 말이야."

"안녕."

"어, 그래. 안녕."

아르키메데스는 나와 일리아나가 듣고 있는 또 다른 수업인 코논 선생님 수업의 최고 우등생이다. 녀석은 이따금 수업 시간에 다른 학생들은 감조차 잡지 못하는 내용을 그 자리에서 바로 알아듣고 놀라운 질문을 던질 뿐 아니라, 때로는 코논 선생님이 놓친 내용까지 집어내곤 했다.

단순히 머리만 좋으면 그러려니 하겠는데, 심지어 집도 부유한 모양이다. 소문에 의하면 지중해 건너 시라쿠사 왕국의 국왕 히메론 2세와 친척 사이라고 한다. 아버지도 저명한 천문학자이자 수학자이고 말이다. 그러니까 이 지중해 건너 알렉산드리아에 좋은 집까지 얻어서 유학 왔겠지.

아무튼 재수 없는 녀석이다. 요즘에는 나의 소꿉친구인 일리아나와 같이 보내는 시간이 많은 모양이었다. 아르키메데스 녀석은 딱히 일리아나에게 이성적인 관심이 있어 보이지는 않지만, 녀석을 바라보는 일리아나의 눈빛은 누가 봐도 그렇지 않다는 걸 한눈에 알아챌 수 있다.

"근데 아르키메데스는 우리 수업 안 듣잖아? 아르키메데스. 너 필로타스 선생님 수업 들어본 적 있어?"

"아니."

"그럼 우리가 무슨 얘기하는지 따라올 수 있으려나?"

"일리아나가 원론[2] 내용이라 해서 온 건데, 왜? 내가 너희 얘기에 방해라도 될까 봐?"

"아, 아냐 그런 건. 너 그럼 혹시 원론을 모두 독학했다는 소문이 사실이야?"

"모두 독학한 건 아니고, 코논 선생님의 도움도 좀 받긴 했지."

"진짜로 그 많은 내용을 다 봤다고? 와… 대단하네."

"별것도 아닌 걸 갖고 대단은 무슨."

기껏 칭찬 좀 해주려 했더니만 별 게 아니라니. 재수 없는 자식.

"율리우스. 아르키메데스는 진짜 놀라워. 필로타스 선생님이 내준 과제에 대해 조금 이야기를 나눴는데, 바로 정답인 듯한 방향을 잡아주었어."

---

2 유클리드가 집필한 책으로 총 13권으로 구성되어 있다. 흔히 '세계 최초의 수학 교과서'로 알려져 있다.

"그래? 뭔데?"

"우리 과제가 '기하학의 중요성'에 관해 연구하는 거였잖아? 아르키메데스는 이걸 '무리수의 존재 때문'이라고 하더라고."

"아니 일리아나. 무리수 때문만으로 기하학이 중요하다고 말한 건 아니야. 다만 기하학이 없으면 무리수도 논할 수 없다는 얘기지. 원론 10권에서도 기하학으로 무리수에 대한 이론을 전개하거든."

"아, 응. 아무튼 생각지 못했던 좋은 의견이야. 처음 과제를 받았을 때는 그저 기하학의 실용적인 측면, 그러니까 내 말은 건축이나 관측에 쓰이는 쪽으로만 기하학을 생각했는데 말이야."

'기하학 덕분에 무리수의 존재를 논할 수 있는 것이다' 이게 그리도 대단한 관점인가? 너무 당연한 얘기잖아? 애초에 무리수가 발견된 게 피타고라스의 정리를 이용한 직각삼각형의 빗변 길이로부터니까.

"일리아나. 나도 그 생각은 진즉에 하고 있었어. 아르키메데스가 선수 친 거야."

"아, 진짜?"

"아직까지는 유리수로써 무리수를 유도하는 방법이 밝혀지지 않았으니까. 무리수의 존재성은 오로지 기하학의 힘을 빌릴 수밖에 없지. 물론 언젠가는 유리수로써 무리수를 유도하는 방법이 밝혀질 수도 있겠지만."

"아르키메데스라면 충분히 알아낼 수 있지 않을까?"

일리아나가 반짝이는 눈으로 아르키메데스를 바라보며 말했다. 첫, 왜 나는 못 할 거로 생각하는 거지? 아니 뭐, 딱히 일리아나가 나는 못

할 거라고 말한 것은 아니지만.

"아니. 난 그다지 그쪽엔 관심이 없어. 차라리 그보다는 좀 더 많은 무리수의 사례를 밝히는 게 낫지. 예를 들어서, 삼각형이 아니라 원이나 곡선에서 무리수를 찾아본다든지."

"원이나 곡선에서?"

"뭐, 그건 지금 너희 과제 주제와는 동떨어진 얘기인 것 같으니까 그만하자. 근데 율리우스도 왔는데 우리 여기 앉아서 계속 얘기할 거야?"

"아냐. 자리 옮기자. 어디로 갈까? 학교로 갈래?"

"지금 학교에는 사람들 많을 텐데. 내 집으로 가는 건 어때? 여기서 가깝기도 하고, 토의하기 좋은 방도 여럿 있거든."

"와, 정말 그래도 돼? 나는 좋아. 율리우스 넌?"

"뭐… 나도 상관없어."

"그래. 그럼 이제 일어나자."

아르키메데스가 앞장을 서고 나와 일리아나가 그 뒤를 따랐다.

아르키메데스의 말처럼 그의 집은 그리 멀지 않은 곳에 있었고, 소문으로 듣던 것보다도 훨씬 더 어마어마했다.

일단 건물이 3층 규모인 데다가, 곳곳에 볼거리 가득한 마당은 내가 사는 집을 통째로 두 채 정도 넣고도 남을 만큼 넓었다. 마당에 언뜻 보이는 노예들만 해도 족히 열 명 이상이었다.

마당의 조형물들을 구경하며 걷고 있는데, 한 건장한 사내가 달려와 우리를 맞이했다.

"주인님, 오셨습니까."

"어, 헤르메이아스. 어머니는?"

"잠시 산책하러 나가셨습니다. 같이 오신 분들은 누구신지요?"

"내 친구들이야. 2층 보조 서재에서 함께 공부하려고 하니까 다과를 좀 가져다줘."

"네. 알겠습니다. 들어가 계시면 챙겨 가겠습니다."

건물 입구로 들어서니 내부는 마치 신전처럼 꾸며져 있었다. 화려한 계단을 올라 복도를 걷는 중에도 노예 서너 명과 마주쳐 인사를 받았다. 아르키메데스는 우리를 아늑한 방으로 안내했다.

방 안에는 파피루스로 된 책들뿐 아니라 양피지로 된 책들도 많이 보였다. 마치 알렉산드리아 도서관을 방불케 했다. 아니, 오히려 알렉산드리아 도서관에도 이처럼 양피지로 된 책은 흔하지 않다. 파피루스로 된 책은 많지만….

정말이지 보면 볼수록 대단한 부잣집이다.

"아르키메데스. 너 듣던 것보다 훨씬 더 부자구나. 부럽다야. 대체 집 안에 노예는 몇이나 있는 거야?"

"노예라니! 그렇게 부르지 마, 율리우스."

"왜? 아냐? 방금 다들 너에게 주인님이라고 했잖아?"

"신분은 그러하지만! 아무튼, 우리 집에서는 그렇게 부르면 안 돼."

"야, 노예를 노예라고 부르는데 왜 유난을 떨고 그래? 그게 그리 발끈할 일이야?"

"율리우스, 그만해. 그러다 싸우겠어."

일리아나가 나와 아르키메데스 사이를 막았다. 이내 아르키메데스는 나를 쏘아보던 눈의 힘을 풀었다.

"미안, 율리우스. 내가 좀 예민하게 굴었네."

"…"

"내 어머니는 주인에게 학대받는 노예들을 보면 거두어서 돌봐주시곤 해. 그래서 다른 집보다 수가 많은 거야. 덕분에 나는 어렸을 때부터 이들과 어울리며 지냈지."

"좋은 주인이시네."

"어머니는 우리와 저들의 관계를 주인과 노예의 관계라고 생각하지 않으셔. 나도 어렸을 때부터 그렇게 교육받았고. 실제로 아까 현관에서 만난 헤르메이아스는 어머니의 도움으로 지금은 자유인의 신분이기도 해. 본인이 원해서 우리랑 계속 같이 살고 있을 뿐이야."

"흠. 그럼 넌 아리스토텔레스를 별로 좋아하지 않겠구나?[3]"

"뭐, 딱히? 사실 노예 제도를 찬성하는 사람들이야 아리스토텔레스 말고도 차고 넘치니까. 당장 우리 아버지부터도 해당하는데, 뭘."

"아아, 내가 괜한 질문을 했네. 미안. 그건 그렇고, 너희 아버지와는 같이 살지 않는 거야?"

"아버지는 바쁘시니까. 식민 국가의 유능한 수학자 삶에 여유 따위가 어디 있겠어?"

"식민 국가?"

---

3   고대 그리스의 위대한 철학자인 아리스토텔레스는 노예 제도를 지지했던 대표적인 사람이다.

갑작스러운 아르키메데스의 말에 나와 일리아나는 당황한 기색을 감추지 못했다.

"몰랐구나? 내 고향 시라쿠사[4]는 지금 마그나 그라이키아[5]의 자치 식민지야. 다행히 재산은 몰수당하지 않았지만, 아버지는 밤낮없는 격무에 시달리고 계시지. 참 웃기지 않아? 노예 제도에 찬성하는 그 자신이 노예나 다름없다는 사실이."

어떤 말을 해야 할지 몰라 나와 일리아나는 눈만 깜박였다.

어색한 분위기가 흐르던 그때였다. 마침 헤르메이아스와 함께 무척 예쁘게 생긴 여성이 품에 다과를 가득 안고선 방 안으로 들어왔다.

"주인님, 다과를 챙겨왔습니다."

"아 고마워. 소니아도 같이 왔구나. 마침 잘됐네. 너희 둘도 우리와 같이 수학 얘기하지 않을래? 기하학을 주제로 얘기하려고 하는데."

뭐야. 노예들이 수학도 안다는 건가? 나는 속으로 깜짝 놀랐다.

"아르키메데스 님, 저는 아직 식견이 좁기에 친구분들과의 대화에 방해만 될 겁니다. 그리고 지금 당장 가서 해야 할 일도 있고요."

"흠, 그래? 아쉽네. 소니아는?"

"저는 지금 당장 해야 할 일은 없지만⋯ 감히 제가 함께 있어도 될까요?"

---

4   이탈리아 시칠리아섬 남동쪽에 위치한 도시.
5   고대 그리스의 정착민들이 식민화했던 이탈리아의 남부 지역. 시칠리아섬도 여기에 포함됐다.

"그럼, 물론이지. 넌 아직 우리 집에 온 지 얼마 안 돼서 나와 어머니를 대하는 게 많이 어색하겠지만, 전혀 어려워하지 않아도 돼. 율리우스, 일리아나. 너희도 괜찮지?"

괜찮다마다. 저렇게 예쁜 여성과 함께라면 오히려 영광이지.

"난 괜찮아. 율리우스는 물어보나 마나 찬성인 거 같은데? 호호."

"야! 일리아나!"

"왜? 아니야? 호호호."

딱히 반박하지 못했던 나는 금세 얼굴이 달아올랐다.

소니아는 정말 내가 꿈에 그리던 이상형에 가까웠다. 그녀의 얼굴뿐만 아니라 행동에서 느껴지는 분위기는 노예가 아니라 마치 왕족 같았다.

내 인생 처음 느껴보는 설렘이었다. 그런데 뭔가… 익숙한 설렘이다.

Ⅲ.

"그러니까."

소니아의 이야기를 듣고 아르키메데스는 놀란 토끼 눈을 하고 그녀를 쳐다보았다. 놀란 것은 우리도 마찬가지였다.

"기하학의 중요성은 외부가 아닌 기하학 그 자체에 있다?"

"네, 아마 유클리드 님도 그리 말씀하실 겁니다."

"조금만 더 자세히 설명해줄래?"

소니아는 책상 위에 놓인 대나무 펜을 들어서 파피루스에 필기하며 설명을 이어갔다.

"유클리드 님이 쓰신 원론 제1권을 보면 용어들의 정의와 공준 및 공리가 서술되어 있습니다. 그리고 여기서부터 많은 정리가 유도되고 증명되죠. 만약 유클리드 님이 기하학을 측량이나 건축 같은 외부적인 쓰임 때문에 존재하는 학문이라 여기셨다면, 왜 그런 깊이 있는 이론 체계를 구축하셨을까요?"

아까부터 반쯤 고개를 틀고선 양미간을 잔뜩 찌푸리고 있던 일리아나가 소니아의 말에 끼어들었다.

"저기, 소니아. 미안하지만 난 지금 네가 하는 얘기가 무슨 말인지 도통 모르겠어. 공준이란 뭐고 공리란 건 또 뭐야?"

"일리아나. 너 대체 수업 시간에 뭘 들은 거야? 그런 내용은 정말 기초 중에서도 기초라고."

"다들 너나 아르키메데스 같지는 않거든? 그럼 어디 네가 한번 설명해 봐."

일리아나의 말에 아르키메데스와 소니아의 시선이 모두 나에게로 쏠렸다. 이런, 소니아의 저 빨려 들어갈 듯한 눈을 마주하니, 혹시 말실수라도 하지는 않을까 갑작스레 긴장이 몰려왔다.

"흠흠. 그러니까 말이야. 우선 시작은 우리가 쓰는 보통의 문장이야. 이 문장들 중에서 참과 거짓을 명확하게 구분할 수 있는 문장을 명제라고 하지."

"그거야 당연히 나도 알지."

"그리고, 어떤 명제가 참인지 거짓인지를 증명하는 데 필요한 게 바로 정의와 공준, 공리야. 물론 해당 명제보다 더 근본이 되는 명제를 이용할 수도 있고. 정의란 용어의 뜻을 서술하는 문장이고, 공준과 공리란 증명 없이 참으로 받아들이는 문장을 말해."

"아니, 그러니까 그 공준이랑 공리가 구체적으로 뭐냐고?"

"아, 진짜. 말 좀 끊지 마. 차근차근 다 설명하려고 하는구만 참…. 흠흠, 아무튼 공리라는 건 일종의 공통 관념이야. 지극히 당연하기 때문에 따로 증명하지 않아도 참이라고 받아들이는 명제를 말하지.

원론 제1권을 보면 총 다섯 개의 공리가 서술되어 있어. 예를 들어서, 다섯 번째 공리는 '전체는 부분보다 크다'는 문장이지. 전체가 부분보다 크다는 건 지극히 당연하잖아?"

"그럼 공준은?"

"공준도 공리와 마찬가지로 증명을 하지 않는 참인 문장인데, 공리가 기하학뿐만 아니라 다른 학문 분야에서도 일반적으로 적용될 수 있는 관념이라면, 공준은 기하학에만 한정되는 관념이라고 보면 돼. 마찬가지로 다섯 개의 공준이 원론 제1권에 서술되어 있는데, 예를 들어서 첫 번째 공준은 '어떤 점에서 다른 점으로 직선을 그릴 수 있다'라는 문장이지."

"아하… 수업에 그런 내용들이 있었던 게 어렴풋이 기억나. 와, 율리우스 제법인데?"

"야. 니 생각보다 나 공부 잘하거든?"

슬쩍 소니아 쪽을 보니 그녀의 얼굴에 옅은 미소가 보였다. 분명히 내가 점수를 딴 모양이야. 기분이 날아갈 것 같았다.

"율리우스의 설명은 살 들었고. 아무튼 소니아, 그래서 그 공리링 공준이 어쨌다는 거야?"

"아, 네. 율리우스 님이 잘 설명하셨는데, 제가 한 가지만 덧붙이자면, 왜 유클리드 님이 그런 공리와 공준을 설정하셨느냐는 점입니다. 저는 그 이유가, 참인 명제로써 다른 참인 명제를 증명하는 기존의 방식만으로는 결국 순환 논리를 피할 수 없을 것이기 때문이라고 판단했어요.

α라는 명제를 증명하기 위해서 β라는 명제를 이용하고, 또 이 β를 증명하기 위해 γ라는 명제를 이용하고, γ를 증명하기 위해서 δ라는 명제를 이용하고… 이런 식으로 한없이 계속 꼬리에 꼬리를 물고 늘어지다 보면 언젠간 필연적으로 다시 α 명제가 필요해질 것이기 때문이죠.

$$\alpha \Leftarrow \beta \Leftarrow \gamma \Leftarrow \delta \Leftarrow \cdots \Leftarrow \alpha \;/\!/\; 결국 \alpha의 증명은 이루어지지 않음$$

이를 예견한 유클리드 님은 아마도 이를 미연에 방지하고자, 누구라도 지극히 당연하게 참으로 받아들일 문장들을 선별하셨을 겁니다. 그게 바로 공리와 공준인 거고요. 예를 들어서, 한 공리를 ϵ라 할 때, 이런 식으로 명제 α의 증명을 전개해 순환 논리를 막는 것이지요.

$$\alpha \Leftarrow \beta \Leftarrow \gamma \Leftarrow \delta \Leftarrow \cdots \Leftarrow \epsilon \,(공리) \;/\!/\; 증명 완료$$

원론적으로 여기서 한발 더 나아가 제가 짚고 싶은 것은, 애초에 유클리드 님이 왜 기하학에 이런 체계적인 논증 체계를 구축하였는지에 대해서예요.”

… 어떻게 얼굴도 저렇게 예쁜데 글씨도 잘 쓰고 목소리까지도 저리 고울 수가 있지?

아니, 그보다 참으로 놀라운 설명이다! 어떻게 노예의 신분으로 이런 해박한 지식을 쌓을 수 있었던 거지?

나는 놀라움으로 넋을 잃고 소니아의 설명에 빨려 들어갔다.

“만약 유클리드 님이 토지의 측량이나 건축 등의 용도로만 기하학을 취급하셨다면, 이렇게 번거롭고 실용성도 전혀 없는 논증 체계를 애써 만드셨을 리가 없습니다. 차라리 그 시간과 노력을 현실에서 기하학을 응용하는 데 쏟으셨겠죠.

그래서 제 생각에 유클리드 님은 아마도 기하학을 일종의 ‘인간 지성의 장場’으로 여기신 게 아닐까 싶어요. 논리의 기반을 이처럼 빈틈없이 체계적으로 다져 놓으시고선, 이후에 이로부터 뻗어 나갈 지성의 무수한 가지가 만들어 낼 세계가 순수하게 궁금하셨던 것이죠.

기하학의 의의가 외부가 아닌, 기하학 자체에 있다고 말씀드린 것은 그런 이유에서입니다.”

방 안에는 감탄의 정적만이 감돌았다. 한동안의 정적을 깬 건 아르키메데스였다.

“소니아, 정말 놀라운 설명인데, 대체 그런 깊은 학식은 어디서 얻은 거야? 혹시 전 주인이 알려준 건가?”

"아니요. 오히려 저의 전 주인께서는 제가 분수도 모르고 주제넘게 수학 공부를 한다며 타박하셨어요. 그날노 제가 수학공부를 했다며 마당에서 전 주인님에게 두들겨 맞는 것을 크산티아 님께서 우연히 지나가다 보시곤 절 거두어주신 거죠."

"아, 어머니께서… 그렇군."

일순간 모두 숙연해졌다.

"그럼 이런 내용을 모두 독학한 거란 말이야? 대체 유클리드 선생님의 원론은 어디서 구한 거지? 신분 때문에 알렉산드리아 도서관 출입은 불가능했을 텐데."

"맞습니다. 저는 아직 유클리드 님의 원론을 실제로 본 적은 없어요."

"뭐? 하지만 방금 얘기한 것은… 원론의 내용을 깊이 있게 통찰하지 않고서는 도저히 할 수 없는 설명이었는데?"

"…"

"혹시 대답하기 곤란한 질문인 거야? 소니아. 미리 말하지만 나는 너를 해코지할 마음이 전혀 없어. 오히려 지금 너무나도 감탄스러울 따름이야. 그러니까 곤란하더라도 꼭 좀 말해줬으면 해. 도대체 어떻게 네가 그런 깊이 있는 식견을 갖추게 된 것인지 말이야."

"사실대로 말씀드려도 믿기 어려우실 거예요. 오히려 제가 아르키메데스 님을 놀린다고 역정을 내실 겁니다."

"아니야, 정말로! 약속할게, 소니아."

소니아는 몇 초간 입을 꾹 다물고 있더니, 이내 결심한 듯 말했다.

"… 꿈이었습니다."

"뭐? 꿈?"

"네. 방금 말씀드린 내용은 꿈에서 공부했던 지식이에요. 이보다도 훨씬 더 많은, 그리고 어쩌면 지금으로부터 아주 먼 미래의 지식들도 상당수 생생하게 기억하고 있죠."

"그게 무슨…"

"그래서 말씀드린 거예요. 믿기 어려우실 거라고요."

"허어… 아니, 설령 너의 말대로 진짜 꿈에서 공부를 한 거라고 치더라도, 꿈에서 깨고 나면 그런 건 다 잊어 먹잖아?"

"현실과 구분되지 않을 정도로 생생한 꿈… 이었거든요."

소니아의 황당한 대답에 아르키메데스와 일리아나는 둘 다 어안이 벙벙한 표정을 짓고 있었다.

하지만 지금 이 순간 가장 놀란 것은 바로 나였다.

Ⅳ.

"일리아나. 너 먼저 가서 오늘 했던 토의 내용 좀 정리해줄래? 나 잠깐 아르키메데스 집에 가서 확인해야 할 게 있거든."

아르키메데스의 집에서 나와, 오늘 한 토의 내용을 정리하기 위해 일리아나와 학교로 걸어가던 중 나는 발걸음을 멈추고 용기를 내서 말했다.

"왜? 뭐 때문에? 나도 같이 갔다 가지 뭐."

"아냐. 너 먼서 학교로 가 봐. 나 혼사 다녀올게."

"흐음… 너, 혹시? 호호."

"왜? 뭐가?"

"너, 소니아 때문에 다시 가려는 거 아냐? 호호호."

"어?"

제대로 정곡을 찔린 나는 얼굴이 화끈 달아올랐다.

"얼굴 빨개지는 거 보니까 맞네. 호호호. 아까 방에서 토의할 때 말이야. 너, 진짜 노골적으로 소니아만 빤히 쳐다보고 있었던 거 알아?"

"에이 무, 무슨 소리야. 그런 거 아냐!"

"진짜? 호호호. 뭐, 네가 아니라면 아닌 거지만. 참! 그런데 율리우스, 너도 알다시피 소니아는 아르키메데스 집안의 노예야. 걔네 집 재산이라고. 네가 자기 가내 노예에게 사심을 품었다는 걸 알면 제아무리 아르키메데스라도 꽤 불쾌할 것 같은데? 호호호."

"아오, 그런 거 아니라니까 진짜. 조용히 안 해? 주변 사람들 다 듣잖아!"

아직 해가 떨어지지 않은 환한 거리에서, 일리아나와 나는 한참을 옥신각신하다가 간신히 헤어졌다.

사실 일리아나의 말이 틀린 건 아니다. 노예란 엄연히 주인의 재산이기에, 다른 이가 사유 노예에게 관심을 둔다는 것은 윤리적으로도 그렇고, 국가적으로도 엄벌의 대상이다.

하지만 내가 지금 소니아를 만나러 가려는 이유는 그런 이유 때문은 아니다. 아까는 유야무야 화제가 바뀌는 바람에 끝까지 듣지 못했지만,

소니아가 말했던 꿈 이야기는 내가 오늘 겪었던 일과 매우 흡사하다는 느낌을 받았다.

현실과 구분이 되지 않는 생생한 기억. 지금의 나도 나이지만, 꿈속의 나도 나라는 확신에 가까운 느낌. 소니아도 어쩌면 나와 같은 경험을 한 것일지도 모른다.

이런저런 생각을 하다 보니 어느새 아르키메데스의 집에 다시 도착했다. 안을 들여다보니 마당을 쓸고 있는 헤르메이아스가 눈에 들어왔다.

"헤르메이아스!"

"어? 율리우스 님? 어쩐 일로 다시 오셨습니까?"

"그게 말이야. 너에게 부탁할 게 하나 있는데 말이지. 혹시 소니아를 좀 몰래 불러 주겠어?"

"소니아를 말입니까?"

"응, 좀 부탁할게."

"무슨 일이신지는 모르지만… 아무리 아르키메데스 님의 친구분이라 하더라도 가내 노예를 주인님 몰래 데려오는 것은 좀 곤란합니다. 그냥 안으로 들어가서 아르키메데스 님께 직접 허락을 받아보시지요?"

"… 아무래도 그런가? 알았어. 그럼 나 좀 안내해줄래?"

"예, 따라오십시오."

헤르메이아스는 일층에 있는 손님 응접실로 나를 안내했다. 온갖 화려한 장식품으로 진열된 방이었다.

헤르메이아스가 아르키메데스를 데리러 간 동안 진열된 장식품들을 구경했다. 그 많은 귀금속 중에서 유독 나의 눈을 잡아끄는 게 있었다. 삼각형이 겹겹이 포개진, 금으로 된 구조물이었다.

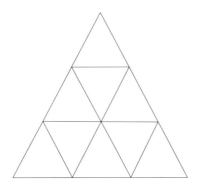

'어? 이것은 혹시… 테트락티스!?'

바로 그 순간.

그동안 머리 한구석에 잠자고 있던 많은 기억이 둑 터진 봇물처럼 밀려오기 시작했다.

피타고라스 학교 입구에 있던, 내가 아쿠스마티코이에 입격한 날 맹세를 했던 그 테트락티스!

그리고 피타고라스 님의 부름으로 히파소스 스승님과 학교에 방문했던 날. 그 테트락티스 아래에서 반가이 우리를 맞아주셨던 셀레네 님까지!

맙소사. 셀레네 님! 언젠가부터 까마득히 잊고 있었다. 대체 왜? 어째서 나는 그동안 셀레네 님을 잊고 있었던 거지?

스승님과 내가 왜 무리수를 찾아내기 위해서 그토록 고군분투했던가!

도저히 이해가 안 가는 혼란스러운 상황에 나는 토할 것 같은 어지럼증을 느꼈다. 테트락티스를 움켜쥔 오른손이 덜덜 떨렸다.

"율리우스, 무슨 일이야?"

내 뒤에서 아르키메데스가 말하는 소리가 들렸으나 나는 그저 멍하니 테트락티스를 바라볼 뿐이었다.

"율리우스 너… 왜 우리 집 물건을 그렇게 움켜쥐고 있지?"

"어? 아! 미안! 아르키메데스."

의심받기 딱 좋은 상황이라는 생각에, 반사적으로 테트락티스를 다시 탁장 위에 올려두었다. 아르키메데스를 보니 이미 반쯤 의심을 담은 눈으로 나를 쏘아보고 있었다. 옆에 있는 헤르메이아스 또한 마찬가지였다.

"아, 아하하. 아르키메데스 결코 네가 생각하는 그런 상황은 아니야."

"뭐야? 지금 네 그 말이 오히려 더 의심스러운데? 그걸 쥐고 대체 뭘 하려고 했던 거야?"

"하하하. 미안. 너무 익숙한 장식품이라서 좀 자세히 보려고 했을 뿐이야. 기분 나빴다면 사과할게."

"그게 너의 눈에 익숙할 리가 없을 텐데? 그건 내가 세공사에게 특별히 비싼 값을 주고서 주문 제작한 거라고!"

"아니 그게… 금으로 된 건 나도 처음 보지만, 이 형태 자체는 피타고라스학파의 상징인 테트락티스잖아? 나도 분명히 알고 있는 형태라고."

"…"

"아무튼 허락도 없이 맘대로 네 물건을 만진 건 정말 미안해. 하지만 다른 마음은 없었어."

"그래서, 우리 집에 다시 온 이유는 뭐야?"

"아, 그게 말이지."

어떻게 말을 꺼내야 할까. 분위기가 어째 상당히 애매하게 되어 버렸다. 지금 분위기에서는 도저히 소니아를 개인적으로 불러 달라는 말이 입 밖으로 나오지 않았다.

이럴 줄 알았으면 차라리 일리아나와 같이 오는 건데….

안절부절못하는 나를 아르키메데스는 더 의심 가득 찬 눈초리로 쳐다보았다. 아무래도 소니아를 만나는 건 다음으로 미루는 것이 좋겠다는 생각이 들었다.

"하하… 원래 너에게 따로 할 얘기가 있었는데, 그게 뭐였는지 지금 갑자기 생각이 나질 않네?"

"뭐라고?"

"미안, 생각나면 내일 학교에서 다시 이야기할게. 아, 나 오늘 왜 이러냐 바보같이. 하하."

"…"

"그럼 내일 학교에서 봐. 나 간다."

나는 애써 태연한 걸음걸이로 방을 나왔다. 아무래도 분위기가 더욱 이상하게 꼬여버린 것 같지만, 내일 만나면 어떻게든 수습할 수 있겠지.

그렇게 복도를 지나서 나오려는 그때, 우연히 맞은편에서 걸어오고 있는 그녀와 눈이 마주쳤다.

그렇다. 소니아였다.

V.

심장이 터질 것 같이 뛰었다.

일단은 그녀에게 물어볼 것이 있다며 무작정 근처 방으로 데리고 들어왔다. 하지만 막상 가까이서 얼굴을 마주하니 머릿속이 온통 하얘지고 심장이 두근거려 제정신을 붙들고 있기도 힘들었다.

소니아도 갑작스럽게 벌어진 이 상황이 적잖이 당황스러웠는지, 나와 마찬가지로 아무 말도 못하고 그저 내 얼굴만 빤히 바라보았다.

"어, 저기 소니아. 그러니까… 내가 물어보려는 게 뭐냐면 말이야…"

어떻게 말을 꺼내야 하지?

아까 말했던 꿈에 대해서 더 말해줄 수 있어?

나 역시 너와 비슷한 경험을 했는데, 신기하지?

그 어떤 말도 부자연스럽기만 하다. 아까는 하얗던 머릿속이 이제는 볼품없는 문장들로 까맣게 채워지고 있었다.

그런데 이런 어색한 분위기를 먼저 깬 것은 의외로 소니아였다.

"율리우스 님이었죠? 혹시 우리 예전에 만난 적이 있나요?"

"응?"

이건 또 무슨 말인가? 나는 그대로 얼어붙었다.

"아, 아니에요. 죄송합니다. 아까 처음 뵀을 때, 왠지 모르게 낯익은 기분이 들었는데, 그냥 제 착각이었나 봐요. 그런데 물어보고 싶으신 건…?"

"응? 아 그게! 이상하게 들릴지 모르겠지만, 아까 네가 얘기했던 현실과 구분되지 않는다는 그 꿈 말이야. 사실 나도 그와 비슷한 경험을 했거든!"

되는대로 일단 두서없이 말을 뱉어 버렸다. 혹시라도 나를 이상한 녀석으로 보면 어떡하지?

다행히도 내 얘기를 들은 소니아는 오히려 굳었던 얼굴을 펴고선 미소를 지었다.

"후훗, 아마도 아닐 겁니다. 아, 웃어서 죄송해요. 비웃은 건 아니고요. 다만 제가 아까 말씀드렸던 꿈이란 것은, 사실 꿈이라고 할 수도 없는 것이에요. 율리우스 님뿐만 아니라 아마 그 누구도 저와 같은 경험을 하지는 못했을 겁니다."

"아니야. 나도 마찬가지라니까? 마치 두 개의 인생을 산 것 같은 경험! 내 말 맞지?"

"…"

"지금의 나, 율리우스도 분명히 나지만! 꿈속… 아니 또 다른 인생을 살았던 나, 엘마이온도 분명히 나였어! 엘마이온으로서 살았던 모든 경험, 심지어 아주 어릴 적인 유년 시절까지도 생생히 느껴진단 말이야. 소니아 네가 말한 경험이란 게 이런 거 아니야?"

"지금 무슨…"

아뿔싸! 급한 마음에 내가 너무 몰아붙이듯이 얘기해 버렸다. 이렇게 열 내면서 말할 것까진 아닌데, 이런 황당한 얘기를 이렇게까지 진지한 얼굴로 얘기하다니. 방금 내 모습은 그야말로 최악이었다. 멍청이!

하지만 돌아온 그녀의 대답은 뜻밖이었다.

"지금 분명히 엘마이온 님이라 하셨습니까?"

"어, 그게… 아하하, 미안. 좀 웃겼지? 하하하."

"그 이름, 저… 알고 있습니다. 혹시…"

"응?"

"혹시 히파소스 님의?"

"!"

순간 너무 놀라서 온몸에 소름이 돋았다. 어떻게 소니아의 입에서 스승님의 이름이? 이건 또 무슨 말도 안 되는 상황이란 말인가.

"어떻게 네가 내 스승님을…? 맞아! 난 마테마티코이이신 히파소스 님의 제자, 엘마이온이야! 소니아! 대체 어떻게?"

"… 말도 안 돼…"

소니아 또한 나만큼이나 놀란 듯, 두 손으로 입을 틀어막은 채 커다란 두 눈만 계속 깜박였다.

설마…

"혹시 소니아! 너도 그 꿈에서 나와 같은 시대를 경험한 거야? 피타고라스가 살아 있었던 그 시대를?!"

"맙소사…"

"응? 소니아. 대답해 줘. 넌 어떻게 나를, 그리고 스승님을 알고 있는 거지?!"

"율리우스 님의 말씀이 사실이라면, 아마 율리우스, 아니 엘마이온 님은 저를 기억하실지도 모릅니다. 비록 딱 한 번 만난 사이였지만."

"뭐?"

"그 시절의 제 이름은 셀레네였습니다."

나는 다리에 힘이 풀려 그대로 덜썩 주저앉아 버렸다.

셀레네 님이라고? 소니아가?

그러고 보니 닮았다! 셀레네 님에게서 느꼈던 특유의 분위기가 소니아에게서도 분명히 느껴진다!

그때였다.

"무슨 말소리가 들리는 거지? 안에 누구 있어?"

방문이 벌컥 열렸다.

아르키메데스였다.

너무나 깜짝 놀란 나와 소니아는 그대로 얼어붙었다. 우리를 보는 아르키메데스의 두 눈도 놀란 토끼 눈처럼 커졌다.

"아, 아르키메데스. 지금 이 상황은 말이야. 하하. 그러니까 내가 왜 소니아와 여기 같이 있는 거냐면."

"율리우스, 너!"

"아르키메데스, 일단 내 말부터 좀 들어 봐. 오해하지 말고."

"입 다물어! 넌 지금 내 집에서 넘지 말아야 할 선을 이미 한참 넘었어! 지금 이 상황을 내가 그냥 넘길 것 같아?"

소니아, 아니 셀레네 님이 급히 우리 대화에 끼어들었다.

"아르키메데스 님! 말씀 중에 주제넘게 끼어들어 죄송합니다만, 율리우스 님께 먼저 도움을 청한 사람은 저입니다!"

나를 죽일 듯이 쏘아보던 아르키메데스의 시선이 그녀에게 향했다.

"뭐? 도움?"

"네, 사실 아까 율리우스 님이 설명하신 원론에 대한 내용을 제가 미처 다 이해하지 못해 고민하고 있었는데, 마침 복도에 서 계신 율리우스 님을 보고선 제가 감히 사사를 부탁드린 겁니다."

"…"

아르키메데스는 나와 셀레네 님을 번갈아 보았다. 그나마 다행인 것은, 아르키메데스가 정말로 다른 사람들처럼 노예를 막 대하는 사람 같지는 않아 보인다는 점이었다.

다른 사람 같았으면 이처럼 노예가 감히 주인의 말에 끼어드는 걸 허락하지 않았을뿐더러, 주인의 허락 없이 맘대로 이런 일을 벌였다고 곧장 매타작을 가했을 것이다.

"소니아의 말이 사실이야? 율리우스?"

슬쩍 셀레네 님을 보니, 그녀는 내게 무언으로 긍정의 신호를 보내고 있었다.

"어. 맞아, 아르키메데스. 소니아가 원론의 구체적인 내용을 물어보더라고. 복도에 서서 길게 설명하기는 뭣해서 잠시 앉을 곳을 찾다가, 마침 옆에 이 방이 있길래 들어온 거야. 내 멋대로 방을 쓴 건 미안해."

"… 그랬단 말이지?"

아르키메데스는 나와 소니아를 계속해서 번갈아 보았다. 아직 의심을 완전히 지우지는 않은 눈치였다.

"그렇다면 소니아. 넌 왜 그런 질문을 나에게 먼저 하지 않은 거지? 나도 집에 있었는데."

"안 그래도 아르키메데스 님께 여쭈러 방으로 가던 참이었습니다.

그런데 가는 길에 우연히 율리우스 님을 마주친 것이고요."

"…"

조리 있는 그녀의 설명에 다행히도 아르키메데스의 화는 많이 누그러진 듯했다.

"그래… 뭐, 일단 어떤 상황인지는 알겠어. 그런데 내가 마음에 하나 걸리는 게 있는데 말이야. 소니아, 일단 나는 네가 수학에 흥미를 갖고 탐구심을 발휘한 것에 대해선 전혀 뭐라고 할 마음이 없어. 오히려 내가 적극적으로 권장하는 바이기도 해. 너는 수학에 탁월한 소질도 있으니 말이야. 또 수학이란 태생부터 호기심의 학문이니, 네가 궁금증에 사로잡혀서 방금과 같은 행동을 한 것도 이해가 안 되는 바는 아니야. 다만! 네가 질문해야 할 대상이 한참 잘못됐어. 그런 게 있었으면 가장 먼저 나에게 물어봤어야지. 분명 율리우스는 우리 학교에서 뛰어난 학생 중 한 명인 건 맞지만, 나는 그런 율리우스보다 몇 수는 위인 사람이란 말이야."

내가 잘못 들었나? 저 녀석, 지금 셀레네 님 앞에서 대놓고 나를 도발하는 건가? 제아무리 노예에게 주인으로서의 무게를 잡으려고 하는 말이라도, 이건 대놓고 나를 너무 무시하는 말인데?

하지만 그렇다고 해서 지금 내가 이 분위기를 깰 처지는 못 되기에, 일단은 더러운 기분을 꾹 누른 채 잠자코 있었다.

"그러니까 앞으로는 뭐든지 나에게 먼저 물어 봐. 특히 수학에 관한 건 말이야. 알겠어?"

"네, 아르키메데스 님."

걱정되어 셀레네 님의 얼굴을 보니, 고개 숙인 그녀가 안도의 한숨을 조그맣게 내쉬는 것이 보였다.

그러고 보면 이 집에 들어온 지도 얼마 안 된 그녀가 나를 변호하기 위해 방금 했던 행동은 정말로 목숨을 건 용기를 동반한 것이리라.

곱씹을수록 소니아에게, 아니 셀레네 님에게 너무나도 고마웠다.

"그리고 율리우스, 솔직히 오늘 너의 행동은 아무리 내 친구라 하더라도 몹시 불쾌했어. 나는 네가 진심을 담아서 나에게 사과하기를 바란다."

"어, 물론이지. 아르키메데스, 진심을 담아서 사과할게. 정말로 미안하다."

나 역시 그녀를 따라서 조용히 안도의 한숨을 내쉬었다.

대결의
서막

I.

나는 지금 아르키메데스의 집 뒷문에 서 있다.

어제는 아르키메데스가 갑자기 들이닥치는 바람에 셀레네 님과 이야기를 계속 하지 못하고 내쫓기듯이 집을 나왔지만, 그 와중에도 나는 그녀에게 눈짓 몸짓으로 오늘 이 시각에 뒷문에서 만나자는 신호를 보냈다. 그리고 그녀는 분명히 나의 그 우스꽝스러운 신호를 보았고.

물론 그녀가 정말 나의 그 신호를 이해하고 여기에 나타날지는 의문이지만, 혹시나 하는 마음에 뛰는 가슴을 애써 진정시키며 그녀를 기다리고 있다.

"율리우스 님?"

깜짝이야! 뒤에서 조그만 말소리가 들려 돌아보니 그녀였다.

"와! 소니아, 아니 셀레네 님! 역시 오셨군요!"

"일단은 조용히 저를 따라오세요. 여기 있다간 다른 사람들에게 들킬 겁니다."

"응! 아니, 네!"

그녀가 셀레네 님이라는 사실을 알고 난 후라 어제처럼 말이 편하게 나오지 않았다.

그녀를 따라 빠른 걸음으로 건물 구석에 있는 어느 방으로 들어갔다. 소박하지만 아늑한 분위기가 느껴지는 방이었다.

"셀레네 님, 여긴 어디죠? 집 안인데 그래도 혹시 사람들이 들어오지는 않을까요?"

"여기는 제가 머무는 방입니다."

"네? 아, 아하!"

왠지 모르게 얼굴이 화끈거렸다. 방 곳곳을 두리번거리던 시선을 급히 거두었다.

"아르키메데스 님은 노예라 할지라도 사생활은 보호해 주어야 한다며, 이처럼 모두에게 개인 방을 마련해 주었습니다. 제 방에 덜컥 율리우스 님을 모셔온 것이 부끄럽기는 하지만, 여기는 다른 누군가가 갑자기 들어올 일은 없으니 안심하셔도 돼요."

"아하하, 아르키메데스 녀석. 재수 없긴 하지만 정말 보기 드문 좋은 주인이긴 하네요. 그나마 다행입니다."

"후훗. 그 부담스러운 경어 표현은 이제 좀 거두어 주세요. 저는 율리우스 님과 달리 천한 노예의 신분입니다."

"천하다니요! 말도 안 되는 소리입니다! 그건 그저 이 시대에 드리운 여러 불행의 요소 가운데 하나일 뿐, 저에게 셀레네 님은 여전히 존경스런 마테마티코이십니다!"

"후훗, 아무튼 정말 신기하네요. 한 번도 상상조차 하지 못했습니다. 저와 같은 사람이 또 있을 줄이야… 갑작스레 만나게 되었지만, 막상 이렇게 마주하니 무슨 말부터 꺼내야 할지 모르겠네요."

"저 역시 같은 마음입니다. 하하… 한편으로는 제가 겪었던 그 모든 일이 그저 꿈이 아니었다는 것을 확인한 것 같아서 묘한 기분이 드네요."

"그럼 그 시대에서 율리우스 님은 언제까지 살다가 오신 건가요? 우리가 학교에서 만났던 그 날 이후로 저를 또 보신 적이 있으신지요?"

"셀레네 님은 어느 시점부터 완벽히 사라지셨습니다. 그래서 저와 제 스승님은 셀레네 님이 피타고라스에게 죽임을 당한 것으로 확신하고선 몹시 분개했었죠."

"네? 피타고라스 님이 저를 죽였다고요? 그게 무슨…"

"뭐, 당시의 정황은 그리 추측하기에 충분했었습니다. 그게 아니라니 한편으론 정말 다행이네요."

"그렇다면 역시나, 그 시대를 살았던 저의 몸은 사라져 버린 것이군요. 어느 정도 예상하긴 했지만, 정말로 그렇게 되다니…"

"셀레네 님께서 사라진 이후로 여러 사건이 벌어졌습니다만."

나는 아차 싶은 마음에 하던 말을 멈췄다. 다행히도 그녀는 못 들은 듯, 골똘히 생각에 잠겨 있었다.

그래. 지금 셀레네 님도 나만큼이나 머릿속이 복잡할 텐데, 괜히 스승님의 죽음 같은 얘기는 꺼내지 않는 편이 낫겠지.

그렇게 한참을 생각에 잠겨 있던 그녀가 정적을 깨고서 꺼낸 말은 몹시 의외의 내용이었다.

"그럼 율리우스 님은 그 시대 이후로 지금이 몇 번째 덧씌워진 삶인
가요?"

"네?"

이건 또 무슨 말인가. 몇 번째냐니?

"저는 피타고라스 님이 살아 계시던 그 시대 이후로 지금이 두 번째
덧씌워진 삶이에요. 물론 그 이전에도 다른 여러 삶의 경험이 있고요.
혹시 율리우스 님께서도 저와 같으신가 해서요."

"그, 그게 정말입니까? 저는 그 시대와 지금이 전부인데…"

"…"

당황스러웠다.

그 말인즉슨 셀레네 님은 그동안 나보다 더 많은 시대를 살아왔다는
얘기고, 우리가 겪고 있는 이 현상이 동일한 것이라면 나 역시도 엘마
이온과 율리우스의 삶이 끝이 아니라, 이후 또 다른 삶들을 살게 될 수
도 있다는 걸 의미했다.

아니, 어쩌면 나 역시 이미 다른 시대들을 경험해 왔지만 단순히 기
억을 못 하는 것은 아닐까?

휘몰아치는 여러 생각으로 갈피를 잡지 못하던 그때였다.

갑작스럽게 두 귀에 섬찟한 기운이 스치더니 곧 아찔한 충격이 머리
로 빠르게 퍼졌다.

"으앗!"

"어머, 율리우스 님! 무슨 일이에요?!"

"갑자기… 머리가 아찔합니다. 셀레네 님!"

"그 증상이군요!"

눈앞이 김김해지고 아무것도 보이시 않았다. 금방이라도 기절할 것만 같은 아찔함이 머리에서 온몸으로 퍼져 나갔다.

고통스러웠지만 차마 셀레네 님 앞에서 약한 모습을 보이기는 싫어 이를 악물고 버텼다. 아찔한 기운은 몇 초간 이어지는가 싶더니 이내 서서히 사그라졌다.

"휴우… 이제 좀 괜찮네요. 갑자기 왜 이러지."

"그 증상은 아마도 저와 율리우스 님만이 겪는 일종의 대가 같은 건가 봐요. 그 증상 또한 저만 겪는 것이 아니었다니."

"네? 그 말씀은 방금 제가 겪은 증상을 셀레네 님도 겪었다는 얘긴가요? 혹시 어떤 증상이었는지도 말씀해주실 수 있습니까?"

"어느 순간 갑작스럽게 두 귀에 소름이 끼치고, 이내 아찔한 고통이 머리로부터 시작해서 온몸으로 퍼지는 증상이지요. 아닌가요?"

"맙소사… 네, 맞아요. 정확합니다. 저는 방금 처음 겪는 것이었는데."

"네? 처음이요? 시대마다 겪었던 것이 아니고요?"

"적어도 지금 삶에서는 처음 겪은 게 확실합니다."

"아마 율리우스 님이 기억을 못 하는 걸 수도 있어요. 다른 시대로 삶이 덧씌워지게 되면 지나간 시대에 대한 기억은 기억하려고 애써 노력하거나, 아니면 어떤 독특한 계기가 있어 강제로 떠올리지 않는 이상, 빠르게 희미해져 버리니까요."

"…"

"지금 시대에서는 확실히 처음 겪은 거라 하셨나요? 그렇다면 율리우스 님의 삶이 덧씌워진 시기는 아마도 어제쯤이었겠네요. 맞나요?"

마치 모든 상황을 손바닥 보듯 훤하게 꿰뚫고 있는 셀레네 님의 말에 깜짝 놀랐다.

그리고 그녀가 나의 이런 상황을 앞서 경험했다는 사실에, 더할 나위 없이 가깝고 든든하게 느껴졌다.

"맞습니다. 정확하게 어제였어요. 저의 서로 다른 두 삶이 하나로 합쳐진 것은. 그렇다면 셀레네 님은 지금의 삶이 언제 또 다른 삶으로 덧씌워질지도 알고 계시나요?"

"그건 저도 확실하게는 모릅니다. 다만 어느 정도 예상은 할 수 있어요. 방금 율리우스 님이 겪은 그 증상은 앞으로 간헐적으로 반복되면서 점점 그 고통의 크기가 커질 겁니다. 그러다 도저히 견디기 힘들 정도로 고통이 심해지는 날, 여느 때와는 다르게 하루에 연달아서 증상이 두 번 들이닥치는 날이 있을 거예요. 저의 경우에는 바로 그 날에 해당 시대의 삶이 끝나는 것 같더군요."

맙소사. 셀레네 님의 말대로라면 조금 전 경험한 그 불쾌한 기분을 앞으로도 계속 겪어야만 한다는 말인가? 그것도 더 심하게?

"하지만 저는 항상 불안합니다. 다른 시대의 삶에 제가 덧씌워지는 것이 아니라, 어쩌면 그 상태로 정말 죽는 것일지도 모른다는 생각이 매번 들거든요."

하긴, 생각해 보면 그렇다. 만약 내가 율리우스가 아니었다면, 내가 그저 엘마이온이기만 했었다면 상황은 어떻게 됐을까?

문득 생각해 보니 온몸에 소름이 끼쳤다.

"때로는 살고 있어도 사는 것 같지가 않아요. 지금까지 적어도 다섯 시대 이상의 삶을 경험했지만, 과연 그중에 어떤 것이 진짜 저의 삶이었을까요? 그리고 여태 한 대로라면 지금 살고 있는 이 삶도 머잖아 끝나게 될 텐데. 저는 대체 어느 삶에 정을 붙여야 하는 걸까요? 대체 이런 기괴한 삶은 언제까지 계속해야 하는 건지…."

"네? 다, 다섯 개의 시대나 경험을 하셨다고요?!"

"적어도 다섯 이상이요. 제가 비교적 선명하게 기억하는 시대가 다섯이니까요."

"그럼 저와 함께 계셨던 그 시대 말고, 또 어떤 시대들을 경험하신 거예요?"

"그 시대 바로 전의 삶은 마케도니아 왕국에서였어요. 그보다 전은 통일 이집트 왕조에서였고요. 그리고 제가 기억하는 맨 처음 시대는 아이러니하게도 과거가 아닌 아주 먼 미래였습니다."

"네? 미래요?"

"네, 어쩌면 그때의 삶이 진짜 제 삶이 아니었을지… 가장 오래된 기억이지만 가장 많은 기억이 머무는 삶이기도 하거든요."

"놀랍군요. 전 겨우 두 번의 삶을 산 것만으로도 엄청 특별하다고 생각했는데. 대체 셀레네 님께서는 그 많은 삶을 어떻게 다 기억하시는 건가요? 저는 엘마이온으로 살았던 기억도 벌써 가물가물해지는데요."

"미래 시대, 그러니까 제가 기억하는 처음 삶에서 저는 어렸을 적부터 일기를 쓰는 습관이 있었습니다. 신기하게도 그렇게 기록으로 남겨

놓은 기억은 쉽게 잊히지 않더군요."

"일기 말입니까…"

"처음으로 삶이 덧씌워져 가게 된 곳은 지금보다 더 까마득하게 오래전인 이집트 시대였습니다. 그때 저는 불행 중 다행으로 궁정에 사는 사람이었죠. 덕분에 쉽게 파피루스를 구할 수 있었고요. 당시의 저는 그 이전의 삶, 그러니까 미래에서의 제 삶을 그리워하며 일기 쓰는 것을 낙으로 삼았습니다. 그 덕분에 미래에서의 기억을 어느 정도 잊지 않을 수 있었던 거예요. 이후로도 시대를 넘어갈 때마다 이전 삶의 기억을 잊지 않기 위해서 매번 새롭게 일기를 쓰고 있습니다."

"와, 저도 앞으로는 좀 그래야겠네요. 좋은 정보를 알려주셔서 감사합니다. 셀레네 님."

"후훗. 그나저나 언제까지 저를 셀레네라 부르실 거예요? 이젠 소니아라고 부르셔야 합니다. 저도 마찬가지로 엘마이온 님을 율리우스 님이라 부르고 있잖아요. 말씀도 좀 낮추세요. 혹여라도 다른 사람들이 들을까 봐 겁이 납니다."

"네, 아니, 어 그래… 아하하. 이거 참 적응이 안 되네요. 하하하."

"후훗. 어색하더라도 적응해야 합니다. 자, 더 연습해 보시지요. 율리우스 님."

"네… 어 그래. 알겠어! 셀레… 아니. 소니아!"

바보 같은 나의 모습에 그녀는 웃음을 터뜨렸다. 처음 보는 그녀의 해맑은 웃음이 정말이지 너무나 귀엽고 사랑스러워 나도 따라서 웃음이 나왔다.

"아하하하. 정말이지 지금 이 상황이 너무나도 재밌네. 소니아. 무엇보다도 난 당신이 죽은 게 아니라는 사실에 너무나도 감사해. 이처럼 다시 만나게 된 것도 말이야."

"저도 저 혼자가 아니었다는 사실이 너무나 큰 위안이 됩니다. 그동안의 제 고독한 삶에 율리우스 님이 한 줄기 빛을 비춰주는 것만 같네요."

나는 그녀를 향해 미소를 지었다. 그녀도 나를 더없이 따뜻한 눈빛으로 바라봐 주었다.

Ⅱ.

날씨가 참 좋다.

걸음걸이도 날아갈 것 같이 가볍다.

나도 모르게 싱글벙글 웃음이 나온다. 아마 지나가는 사람들은 나를 미친 사람으로 보겠지만 아무래도 상관없다.

그날의 만남 이후로 일주일에 한 번씩 나는 이렇게 소니아의 방으로 그녀를 만나러 간다.

내 마음 같아서는 매일 보러 오고 싶지만 차마 그럴 수는 없다. 다른 이들이 알아서는 절대로 안 되는 비밀 만남이니까. 그래서 일주일 중 소니아에게 온전히 낮 시간대의 자유가 허락되는 날인 오늘만을 손꼽는 것이다.

이렇게 화창한 날에는 그녀와 풍경을 즐기며 산책이라도 하고 싶지만, 우리에게 허락된 공간은 오로지 그녀의 방뿐이다.

물론 지금으로썬 이것마저도 감사할 따름이다. 다른 집들 같았으면 노예 신분인 그녀에게 이처럼 자유로운 휴일이 주어진다는 것도, 비밀 만남이 가능한 그녀만의 개인 공간이 주어진다는 것도 모두 상상하기 힘든 일일 테니.

단순히 그녀의 얼굴을 보기 위해서만 오는 것은 아니다. 그녀가 평소에 읽고 싶어 했던 유클리드 선생님의 원론을 알렉산드리아 도서관에서 대신 빌려다 주는 일도 겸하고 있다.

도서관에서 대여할 수 있는 책은 한 사람당 두 권씩이므로, 이렇게 만날 때마다 새 책 한 권을 가져다주고, 그녀가 다 읽은 책은 받아서 반납하는 식이다.

총 13권으로 이루어진 원론은 적어도 나와 소니아에게 열세 번의 만남을 허락하는 고마운 책이다.

여담이지만, 소니아의 학습 속도는 정말이지 놀랍다. 그녀는 여태껏 단 한 번도 책 한 권을 독파하는 데 일주일을 넘긴 적이 없었다.

나도 그녀에게 뒤처지지 않기 위해 책을 빌려주면서 틈틈이 그 책을 함께 공부하고 있지만, 그녀는 매번 내가 미처 생각지 못했던 놀라운 관점들을 알려주었고, 이해가 잘 안 됐거나 풀이가 막혔던 부분은 늘 기막힌 설명으로 해결해 주었다.

어떤 면에서 이미 그녀는, 자신의 주인인 아르키메데스를 능가한 것이 아닌가 하는 생각마저 들 정도였다.

이런서런 생각을 하다 보니 어느넷 아브키메데스의 십에 노착했다. 뒷문 근처에 아무도 없는 것을 확인한 나는 재빨리 걸음을 옮겨 그녀의 방으로 갔다.

여느 때처럼 손으로 그녀의 방문을 가볍게 두드리니 기다리고 있었다는 듯, 방문이 활짝 열리며 소니아가 웃는 얼굴로 나를 반겨주었다.

"어서 오세요, 도둑님."

"에이, 도둑이라니. 소니아, 이렇게 매번 책을 가져다주는 착한 도둑이 어디 있어?"

"후훗. 남들이 율리우스 님을 보면 영락없이 도둑인 줄로 알 걸요? 그나저나 오늘 날씨 참 좋죠?"

"응! 안 그래도 오늘 같은 날은 밖에서 좀 만났으면 좋겠다고 생각하던 참이었어. 매번 이렇게 몰래 만날 수밖에 없다는 게 슬프네."

"아이 참. 큰일 날 소리 마세요. 이렇게라도 볼 수 있다는 것에 감사해야 하는 거라고요."

"하긴. 너는 내가 아니라 이 책을 보고 싶어 하는 것일 테니까 장소 따위야 무슨 상관이겠어? 안 그래? 쳇."

"후훗. 율리우스 님도 참…"

"아니면 소니아, 당신도 책이 아니라 나를 기다렸던 거야?"

"그런 걸 꼭 민망하게 말로 표현해야 하나요?"

"칫, 나는 항상 드러내놓고 표현하잖아? 너도 한번쯤은 네 속마음을 알려주면 안 돼?"

"뭐… 그저 책만을 기다리는 것은… 아닐지도요?"

"응? 잘 못 들었어. 더 크게 말해줘."

"아이 참! 일단 문부터 닫고 들어와서 얘기해요. 이러다 다른 사람들이 보겠어요."

소니아는 문밖에 서 있는 나를 안으로 잡아끌었다.

그녀의 방은 언제나처럼 깔끔하게 정리되어 있었다. 나는 늘 앉던 의자에 걸터앉아 새삼스레 그녀의 방 안을 둘러보았다.

"그나저나 소니아, 여기에서의 삶이 답답하지는 않아?"

"네?"

"그렇잖아. 너는 여러 시대를 살아오면서 때로는 남들 위에 군림하는 높은 신분이었던 적도 있었으니 말이야. 지금은 이렇게 꼼짝없이 집밖에도 마음대로 못 나가는… 그런 신세니까."

"후훗. 그래도 며칠에 한 번꼴로 크산티아 님께서 시장에 저를 데려가 주시곤 합니다. 자유롭지는 않지만 허락을 구하면 이 인근 정도는 돌아다닐 수 있게 배려해 주시고요. 그리고 무엇보다도…"

"?"

"이렇게 속을 터놓고 이야기할 수 있는 사람은 여러 시대를 거치면서도 만난 적이 없었기 때문에, 율리우스 님이 계신 지금이야말로 저는 그 어느 때보다 자유로운 기분이에요."

"와! 그렇게 말해주니 너무 감동적인데?"

날 바라보는 그녀의 따뜻한 눈빛과 마주하자 나도 모르게 얼굴이 화끈거렸다.

"아… 아하하! 그건 그렇고. 이번에 본 책 내용은 어땠어?"

"음. 이번에도 무척 흥미로운 내용이 많았지요. 기본적으로 이전 권과 마찬가지로 새롭게 정의되는 용어는 없었지만, 정수와 유리수에 대한 놀라운 정리가 잔뜩 있었어요."

"흠. 예를 들면?"

"어떤 수를 소인수분해한 결과는 유일하다는 14번 정리라든지, 소수의 개수는 무한하다는 사실을 암시하는 20번 정리도 놀라웠고요. 등비수열의 합 공식을 기하적으로 유도하는 35번 정리나 짝수 완전수를 유도하는 마지막 36번 정리도 놀라웠고…"

"… 소니아, 진심으로 난 매번 이렇게 내용을 다 외우는 네가 제일 놀라운 것 같아."

"후훗. 저는 율리우스 님과 달리 일과가 끝나면 할 게 수학 공부밖에 없으니까요."

"아니, 아무리 그래도 너처럼 습득 속도도 빠른 데다가 깊이까지 더한 사람은 극히 드물 거야."

"전혀 그렇지 않아요. 율리우스 님의 습득 속도가 저보다 더 빠르면 빨랐지, 결코 느리지 않고요. 다만 저는 여러 시대를 거치면서 율리우스 님보다 더 많은 시간을 공부해온 덕을 보는 것일 뿐이죠."

"그런 건가? 하긴, 지금보다 몹시 발전한 미래의 수학을 공부했다는 사실은 좀 반칙 같이 느껴지기도 해. 흐음, 그렇다면 그런 의미에서!"

"?"

"이번에도 한 주간 공부했던 내용을 저에게 가르쳐 주십시오. 셀레네 님이시여.”

“후훗. 어떤 걸 알려드릴까요?”

“방금 말했던 거 전부 다!”

“네? 전부 다요? 시간이 꽤 걸릴 텐데.”

“그만큼 오래 같이 있으면 되지, 뭘.”

소니아의 얼굴이 빨개졌다.

“율리우스 님도 참… 알겠어요. 그러면 14번 정리부터 시간이 허락하는 대로 차근차근 설명 드리지요. 이 정리는 참고로 미래에는 ‘산술의 기본 정리’라고 불리는 아주 중요한 내용이에요. 무엇이냐면, 임의의 자연수를 소인수분해한 결과는 언제나 유일하다는 것이죠.”

나는 설명하는 소니아의 얼굴을 빤히 바라보았다. 자상하게 그리고 조리 있게 설명하는 그녀의 옆모습이 오늘따라 더 예뻐 보였다.

“예를 들어서 α, β, γ가 모두 소수일 때 $\delta = \alpha \times \beta \times \gamma$라면 δ의 소인수분해 결과는 오로지 이것만이 유일한… 저기, 율리우스 님?”

“어, 어?”

“지금 제 얘기 안 듣고 얼굴만 보고 있었죠?”

“아, 아냐! 그러니까 α랑 β가! 어 그러니까… 뭐라고 했었더라?”

그녀는 배시시 웃음을 터뜨렸다. 말로는 화난 척 나의 산만함을 다그쳤지만, 눈은 반달이 되어 웃고 있었다.

문득 이런 생각이 들었다.

그녀와 함께하는 지금 이 시간. 나는 세상 그 누구보다도 행복한 사람이라고.

Ⅲ.

"아르키메데스가 그렇게 대단한 녀석이라고?"

소니아의 말에 나는 깜짝 놀라 반문했다.

"그럼요. 인류 역사에서 세 손가락 안에 꼽히는 위대한 수학자인걸요. 그것도 지금으로부터 무려 이천 년이 넘게 지난 미래까지 통틀어서 말이죠."

이번에 그녀가 읽은 원론 제11권은 굉장히 두꺼웠으나, 대부분이 입체 도형에 관한 것이라 이야기 나눌 거리는 상대적으로 적었다.

덕분에 나와 소니아는 평소보다 더 다양한 이야기를 나누는 중이다. 방금은 미래에 일명 '세계 3대 수학자'[1]로 손꼽히게 된다는 인물들에 대해 얘기하던 참이었다.

"녀석이 똑똑하다는 건 알지만 그 정도까지 대단한 수학자가 된다니 믿기지 않는데? 그러면 아르키메데스가 유클리드 선생님이나 그 옛날 피타고라스보다도 나중에는 더 유명한 수학자가 된다는 거야?"

"물론 유클리드 님도 후대에 많은 수학자로부터 존경받는 수학자시죠. 하지만 피타고라스 님은… 율리우스 님께서도 그분이 어떤 분이었는지는 직접 겪어 보셨잖아요?"

"어. 분명 그렇기는 한데, 사실 지금은 그 양반이 어떻게 생겼는지조

---

[1] 주로 아르키메데스와 아이작 뉴턴, 그리고 카를 프리드리히 가우스가 꼽히지만, 공식적인 것은 아니다.

차 잘 기억나지 않아. 그냥 '나한테 해코지하려던 나쁜 사람이었다' 정도의 느낌만 남아 있어. 하하."

"율리우스 님, 일기 꼬박꼬박 안 쓰고 계시죠?"

"그게 말이지. 며칠 좀 쓰다가 귀찮아져서 자꾸만 미루게 되더라고."

"참나, 그럼 제가 셀레네였던 시절은 기억하세요?"

"어휴, 그럼요. 마테마티코이 셀레네 님! 제가 며칠 썼다는 일기는 온통 당신의 얘기뿐이랍니다. 하하하."

"… 매번 이렇게 나오시니 제가 화를 내려다가도 못 내는 거라고요. 정말."

나는 그녀의 방 한구석에 잔뜩 쌓여 있는 책들에 시선이 갔다. 아마도 모두 그녀의 일기장일 것이다. 올 때마다 권수가 늘어나는 게 눈에 띌 정도였다. 부지런하기도 하지.

"저 책들은 당신이 적고 있는 일기장이겠지?"

"네, 언제 또 지금의 삶이 끝나게 될지는 모르지만 틈틈이 생각나는 것을 기록하고 있지요. 혹시라도 끝이 오지 않을 수도 있으니까요."

"그 증상은 좀 어때?"

"…"

"대답을 바로 못 하는 걸 보니 역시 주기가 빨라지고 있는 거야?"

"네."

"후우…"

소니아의 말에 따르면, 그 아찔한 증상이 찾아오는 주기가 빨라진다는 것은 곧 다른 시대로 삶이 전이되는 전조 현상이다. 사실 나 역시 요즘 들어서 점차 그 증상의 주기가 빨라지는 걸 느끼지만, 차마 소니아에게 말하지는 못하고 있었다.

둘 사이에 무거운 침묵이 흘렀다. 나는 애써 무거운 분위기를 깨고자 밝은 톤으로 말을 이어갔다.

"소니아! 저 일기 나도 좀 읽어 보면 안 돼?"

"네? 그게 무슨! 당연히 안 되죠! 지금 그걸 말이라고."

화들짝 놀란 소니아의 얼굴이 금세 빨갛게 달아올랐다.

"너무 궁금하단 말이야. 저기엔 분명 내 얘기도 있을 거 아냐? 좀 보여주면 안 돼?"

"네! 안 됩니다!"

"흐음. 책 사이사이에 끼워진 파피루스 쪼가리에 적힌 것은 그 시대에 해당하는 네 이름인가 보네? 가장 위쪽에 소니아. 그 다다음엔 셀레네라고 적힌 것을 보면. 어디 보자… 가장 아래에 적힌 이름은…"

그녀는 황급히 옆에 있던 옷가지로 일기장 더미를 덮었다.

"율리우스 님! 남의 일기장을 그렇게 들여다보는 건 엄청난 실례라고요!"

"아, 알았어. 뭐 안쪽은 전혀 보지도 않았는데 너무 그렇게 화내지는…"

"이제 그만 집으로 돌아가시지요!"

"엥, 벌써? 아직 해 떨어지려면 한참 남았는데? 좀 더 있다가 갈게."

"저 공부할 거니까 얼른 나가시라고요!"

소니아는 내 가방을 들고선 날 마구 밀쳐냈다. 아무래도 내가 잘못한 것 같다.

"아구구! 알았어, 소니아. 갈게. 가면 되잖아. 미안해!"

나는 마지못해 가방을 받아들고선 떠밀리듯이 소니아의 방을 나왔다.

방을 나온 나는 크게 놀랐다.

아르키메데스가 바로 앞에 서서 우리의 모습을 모두 보고 있었던 것이다.

IV.

"저번처럼 어디 또 변명이라도 한번 늘어놔 봐!"

나는 아무 할 말이 없었다. 누가 봐도 명백한 상황이기에.

나와 소니아는 아르키메데스의 집 마당 한가운데에서 아르키메데스의 추궁을 받는 중이다. 우리를 둘러싼 많은 사람의 따가운 시선이 느껴졌다.

"그동안 누군가 내 집을 몰래 드나들고 있다는 의심은 진즉에 하고 있었어. 그 모습을 목격했다는 증언도 여럿 있었고. 그런데 그게 율리우스 너였다니!"

"…"

"게다가 그 목적이 소니아를 탐하는 것이었다니! 지금 네가 얼마나 큰 잘못을 한 건지 스스로 알기나 해? 넌 지금 국법을 어긴 거라고!"

"아르키메데스 님! 그건…"

"넌 조용히 해, 소니아! 너의 잘못을 꾸짖는 건 그다음이니까."

나 때문에 소니아까지 위험에 처하게 되었다. 나는 기껏해야 감옥에 들어가는 정도로 끝날 테지만 그녀는…

가슴 깊이 비통함이 차올랐다.

"왜? 율리우스. 억울해? 설마 이런 짓을 하고서도 소니아를 끝까지 책임질 수 있을 거라 생각했던 거야? 무슨 재주로?! 대체 무슨 자신감으로 이런 말도 안 되는 일을 벌인 거지? 너 자신조차도 보호할 능력이 없는 주제에 왜 소니아까지 이런 상황에 말려들게 한 거냐고!"

"그쯤 하면 됐다, 아르키메데스. 이제 그만하거라."

아르키메데스의 뒤에서 한 여성이 걸어 나오며 말했다.

"어, 어머니?"

아르키메데스는 살짝 당황한 듯 보였다. 그렇구나. 저분이 바로 아르키메데스의 어머니, 크산티아 님이시구나.

"어머니. 제가 그동안 우리 집에 쥐새끼처럼 들락거리던 놈을 드디어 잡았습니다! 제 눈으로 똑똑히 보았습니다!"

"그쯤 하면 됐다고 하지 않느냐."

"왜요? 어머니. 이놈에게는 마땅히 큰 형벌이 내려져야 합니다!"

"저 아이는 네 학교 친구지 않니?"

"제 친구요? 하! 저는 이런 비열한 행동을 하는 녀석 따위 친구로 둔 적 없습니다!"

"아르키메데스!"

크산티아 님의 호통에 아르키메데스는 움찔했다.

"저 아이가 우리 집에 드나들면서 무슨 물건을 훔치기라도 했느냐? 그저 소니아를 만나기 위해서 들린 것이 전부일 뿐이다. 너는 대화로 얼마든지 넘어갈 수 있는 일을 왜 이렇게 크게 만드는 게야!"

"어머니. 왜 저 녀석을 두둔하시는 겁니까? 이놈은 무려 가내 노예에게 사심을 품은 놈이란 말입니다!"

"아르키메데스! 너, 그 말!"

아르키메데스는 황급히 손으로 입을 틀어막았다.

그러고 보니 저 녀석, 분명히 자기 집에서 '노예'라는 단어는 입 밖에 내지 말라고 나에게 엄포를 놓지 않았던가?

싸한 공기가 흘렀다. 문득 주위를 둘러보니 아르키메데스 가내 노예들의 얼굴에 긴장한 기색이 역력했다.

"… 아르키메데스, 여기서 그만 끝내도록 하자. 이 어미는 더 험한 꼴을 보고 싶지 않구나."

"안 됩니다, 어머니. 저놈은 우리… 가족에게 멋대로 사심을 품은 파렴치한 놈이란 말입니다."

"그건 저 아이와 소니아 사이의 문제이지, 너나 제삼자가 끼어들 일이 아니다."

"어찌 그리 무심하게 말씀하십니까? 소니아는 우리 사람이란 말입니다. 우리가 보호해야 하는 여자라고요!"

"보호? 너는 그럼 네 친구가 소니아를 위협하기라도 했다는 게냐? 너도 눈이 있으면 좀 보아라. 지금 소니아가 두려워하는 대상이 저 아이인지 아니면 너인지를."

고개를 돌려 소니아를 보는 아르키메데스의 눈빛이 흔들리고 있었다.

"나는 먼발치에서 저 아이와 소니아를 지켜보았다. 평소에는 도통 어떤 생각을 하며 사는 것인지, 시장에 나가 아무리 진귀한 물건을 보여 줘도 표정 하나 변하지 않던 소니아가 저 아이를 만날 때면 항상 환한 미소를 짓더구나. 어린아이처럼 해맑게 장난도 치고 말이다. 아르키메데스, 넌 그게 무슨 의미인지 모르느냐?"

"…"

"아까 저 아이에게 소니아를 책임질 수 있냐고 물었지? 내 눈에는 적어도 이렇게 신경질적이고 안하무인인 너보다는 오히려 저 아이가 더 올바르게 소니아를 책임질 사람으로 보이는구나."

"… 어머니. 그게 무슨…?"

나와 소니아는 크산티아 님의 영문 모를 말에 놀라 서로를 쳐다보았다.

"나는 조만간 소니아의 의사를 물어 자신의 거취를 스스로 정하게 할 생각이다. 우리 집에서 계속 지낼 것을 택할지 아니면 자유인의 신분을 얻어 저 아이와 함께하고 싶은지 말이다."

"어, 어머니?! 그건 안 됩니다! 안 돼요!"

"그러니까 더는 네가 끼어들 일이 아니라고 했잖느냐."

"어머니 그게 아니라…"

"?"

아르키메데스는 평소답지 않게 어딘가 몹시 초조한 사람처럼 안절부절못했다.

"너도 어느 정도 눈치는 있을 텐데? 정말로 저 둘의 사이를 모르는 게야?"

"그것은! 저 녀석이 강제로 소니아의 마음을 뒤흔든 탓입니다! 말마따나 저놈에게는 소니아를 행복하게 해줄 능력도 없어요. 터놓고 말해서 소니아에게 자유인의 신분을 선물할 수 있는 것도 우리 집안의 재력 덕분이잖습니까?!"

"그 무슨… 아르키메데스. 넌 행복이 재력이나 능력으로 얻어질 수 있는 것이라 생각하는 거니? 진정으로 그리 생각하고 있다면 이 어미가 그동안 널 한참 잘못 가르친 게로구나. 하물며 우리 집안의 재력은 오롯이 네 아버지의 피땀 어린 노력으로써 일궈진 것이지, 너의 능력에 의한 것도 아닌 터."

"어머니…?"

"괜히 일을 크게 만들어 이 어미가 별소리를 다 하게 만드는구나. 그만하자, 아르키메데스. 머리 아프구나."

크산티아 님은 손으로 머리를 짚으며 뒤돌아섰다. 그리고 몇 걸음 걸어가는가 싶더니 다시 우리 쪽으로 몸을 돌리며 입을 뗐다.

"율리우스라고 했지? 미안하구나. 우리 아르키메데스가 아직 철이 덜 들어서 너에게 몹쓸 짓을 했구나. 내 얼굴을 봐서라도 부디 너그러운 마음으로 용서해주렴. 어서 일어나 이제 그만 네 집으로 가 보아라. 아르키메데스, 너는 소니아와 함께 지금 즉시 내 방으로 따라오너라. 그리고 모두들 많이 놀랐을 텐데, 이만 들어가 쉬도록 해."

크산티아 님의 말을 들은 노예들은 하나둘씩 흩어지기 시작했다. 그들 중에는 삼삼오오 모여 방금 일에 대해서 수군거리는 이들도 있었다.

이르기메데스는 인질부질못하며 자기 어머니를 따라갔나. 소니아는 무언가 결연에 찬 눈빛으로 내 눈을 한번 바라보더니 이내 옅은 미소를 짓고선 조용히 아르키메데스의 뒤를 따랐다.

그렇게 한바탕 소동은 끝나는 듯했다.

V.

'거참, 불편해 죽겠네.'

코논 선생님의 기하학 수업을 듣는 나의 신경은 온통 앞쪽에 앉아 있는 아르키메데스에게로 쏠려 있다.

아침에 아르키메데스는 나의 인사도 본체만체하며 무시해 버렸다. 우리 둘 사이의 어색한 분위기 때문에 그 사이에 낀 일리아나도 어찌할 줄 모르며 불편해하는 눈치였다.

일리아나가 나에게 소곤거렸다.

"율리우스. 아르키메데스랑 무슨 일이라도 있었던 거야? 너희 둘이 왜 그래?"

"…"

"무슨 일인지는 모르겠지만, 이따 쉬는 시간에 아르키메데스한테 사과하고 좀 풀어 봐. 괜히 나까지 어색해지잖아."

"웃기는 소리 마. 어색한 분위기를 만드는 건 저 자식이라고. 넌 왜 아르키메데스 편만 들고 그래?!"

그때였다.

"어이, 거기! 율리우스랑 일리아나! 조용히 안 해?"

아차, 코논 선생님의 불호령이 떨어졌다.

교실의 학생들이 일제히 우리 쪽을 돌아봤다. 앞에서 기분 나쁜 비웃음을 흘리는 아르키메데스 녀석도 보였다.

아오, 진짜 저 녀석이…!

"율리우스. 넌 아마도 수업 내용을 모두 알고 있으니까 그렇게 떠든 거겠지? 그럼 자리에서 일어나 정사각형의 넓이와 그 정사각형 변의 길이와 동일한 변의 길이를 갖는 정삼각형의 넓이의 비를 대답해 봐."

뭐야, 쉬운 질문이잖아?

나는 자신 있게 자리에서 일어나 대답했다.

"정사각형의 넓이가 4일 때, 정삼각형의 넓이는 제곱해서 3이 되는 수입니다."

"좀 더 자세히 설명하도록."

"정사각형 한 변의 길이를 2라고 히면, 넓이는 $2 \times 2 = 4$죠. 힌편 정삼각형의 높이는 피타고라스의 정리에 의해, 제곱해서 3이 되는 수[2]입니다.

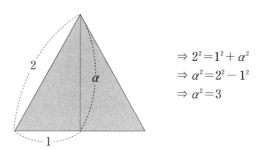

$$\Rightarrow 2^2 = 1^2 + \alpha^2$$
$$\Rightarrow \alpha^2 = 2^2 - 1^2$$
$$\Rightarrow \alpha^2 = 3$$

따라서 제곱해서 3이 되는 수를 α라 했을 때, 정삼각형의 넓이는 $\frac{1}{2} \times 2 \times \alpha = \alpha$이므로, 두 넓이의 비는 $4 : \alpha$입니다."

"그래, 잘 대답했다. 그럼 이제가 진짜 질문이야. 방금 구한 것처럼 정형화된 계산을 할 수 없는 도형들의 경우에는 어떻게 그 넓이의 비를 구할 수가 있지?"

"네?"

"만약 내가 너에게 아무렇게나 도형을 그려준다면, 그 도형의 넓이와 정사각형의 넓이의 비는 어떤 방식으로 구할 수 있겠냐는 물음이야."

---

2 즉, $\alpha = \sqrt{3}$

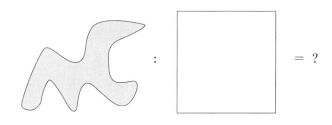

"그, 그건…"

생각해 보지 않았다. 아무렇게나 생긴 도형의 넓이를 구하는 방법이라니? 재빨리 머리를 굴려도 뾰족한 수가 떠오르지 않았다.

"됐다. 다시 자리에 앉아서 수업에 집중하도록 해! 자, 얘들아. 이처럼 자유자재로 생긴 도형의 넓이는 말이지…"

"코논 선생님! 제가 답을 해도 되겠습니까?"

아르키메데스였다.

"어? 그래, 아르키메데스. 그럼 네가 한번 대답해 봐."

"방금 선생님께서 하신 물음에 대한 답은, 굳이 해당 도형의 넓이를 구하지 않더라도 지렛대의 원리를 이용하면 쉽게 구할 수 있습니다."

"음, 그게 무슨 말이지? 좀 더 자세히 설명해 봐."

"모든 평면도형에는 저마다의 무게중심이 있습니다. 예를 들어 정사각형은 두 대각선의 교점이 무게중심이고, 정삼각형은 중선[3]들의 교점이 무게중심이죠. 물론 무게중심이 도형의 바깥쪽에 있는 경우도 있지

---

3   삼각형의 한 꼭짓점과 그 맞변의 중점을 이은 선분.

만, 어쨌든 존재한다는 것만은 확실합니다.

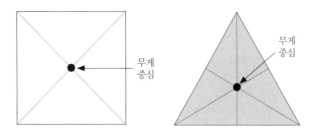

　우리는 이러한 두 도형의 무게중심을 지렛대의 양 끝에 맞춰서 올려
둔 후, 지렛대의 균형이 맞춰지는 지점을 파악함으로써 굳이 두 도형의
면적을 구하지 않고도 면적의 비를 알아낼 수 있습니다.

　제곱해서 3이 되는 수를 α라 했을 때, 정삼각형과 정사각형의 경우
에는 지렛대의 균형점이 4:α지점이 되겠죠.

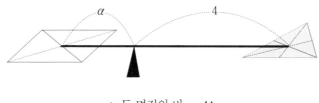

$$\Rightarrow \text{ 두 면적의 비} = 4:\alpha$$

　아무리 자유분방하게 생긴 도형이라 하더라도, 이처럼 무게중심만
찾아주면 해당 도형과 정사각형의 면적 비를 쉽게 구할 수 있습니다."

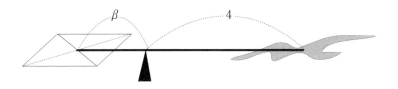

$$\Rightarrow \ \text{두 면적의 비} = 4 : \beta$$

몇 초간의 정적이 흘렀다.

그리고 이내 코논 선생님은 아르키메데스에게 박수를 치며 칭찬을 보냈다.

"정말로 놀라운 대답이구나! 아르키메데스. 요즈음 지레의 원리에 관심을 갖더니, 이런 식의 연구도 하고 있었던 거군! 내가 설명하려던 내용과는 전혀 다른 방향의 답변이긴 하다만, 참으로 훌륭한 답이다."

아르키메데스는 씩 웃으며 또다시 내 쪽을 흘겨보더니 자리에 앉았다.

속이 부글부글 끓었다. 아무래도 저 자식을 한 방 먹여야만 할 것 같다.

"선생님, 방금 아르키메데스의 답변에는 커다란 허점이 있습니다!"

"응? 그게 무엇이지, 율리우스?"

"아르키메데스는 지렛대 자체의 무게는 전혀 고려하지 않았습니다. 실제로는 균형점을 기준으로 더 지렛대가 긴 쪽으로 많은 무게가 실리기 때문에, 아무리 해도 그 방법으로는 정확한 면적 비를 알아낼 수 없습니다."

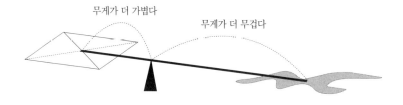

무게가 더 가볍다

무게가 더 무겁다

아르키메데스가 벌떡 일어나더니 나를 쏘아보며 소리쳤다.

"야, 율리우스! 당연히 지렛대의 무게는 무시하는 거지. 그런 식으로 꼬투리를 잡아?"

"엄연히 존재하는 지렛대의 무게를 어떻게 무시하냐?! 아르키메데스, 너야말로 억지를 부리는 거지!"

"맥락을 받아들이면 될 일이지! 수학 문제에서 이 정도의 가정이 새삼스러운 일도 아니고, 그렇게 일일이 다 따지고 들면 어떻게 문제를 단순화하고 해결하냐?!"

"가정할 게 있고 안 할 게 있지! 차라리 지렛대의 형태에 대한 구체적인 가정이라도 세우든가!"

"율리우스! 아르키메데스! 둘 다 지금 수업 시간에 뭣들 하는 짓이야!"

코논 선생님이 우리 둘 사이를 막아섰다. 아르키메데스는 얼굴이 시뻘게지더니 나를 죽일 듯이 노려보았다. 나도 이번엔 그냥 물러날 마음이 없었다.

그때였다.

"허허허. 코논 선생. 학생들의 학구열이 아주 대단하다 못해 넘치는

구먼."

반쯤 열려 있던 교실 문이 활짝 열리며 노년의 한 선생님이 걸어 들어왔다.

유클리드 선생님이었다.

논리적
허점

I.

"여기 앞의 학생은 나도 잘 알고 있지. 아르키메데스 군. 허허. 거기 뒤의 학생은 이름이 뭔가?"

"아, 네. 저는 율리우스입니다."

"율리우스? 오호라. 자네가 그 율리우스로구먼! 허허허. 이런 우연이 다 있나."

뭐지? 마치 유클리드 선생님은 전부터 날 알고 계셨던 눈치인데, 내가 학교에서 그렇게까지 튀는 놈이었나?

"코논 선생. 복도를 지나가다 큰 소리가 들리기에 잠시 들어 보았네. 그런데 이 두 학생의 대화는 단순히 언쟁으로 일축해 버릴 소재는 아닌 것 같구먼. 오히려 더 심도 있는 논의를 이끄는 편이 바람직할 걸세."

"하지만 그게… 유클리드 선생님. 아직 진도 나가야 할 분량도 많이 남아서….”

“물론 진도도 중요하지! 지금 수업 시간에 하라는 말은 아닐세. 흠, 이건 어떤가? 다음 주에 있는 내 강의 시간에 저 둘에게 발표를 한번 맡겨 보는 건?”

나는 깜짝 놀랐다. 유클리드 선생님의 강의는 전교생이 모두 모여서 듣는 큰 강의이다. 그런 시간에 발표를 한다고?

“그야 지금 저 둘만 괜찮다고 하면 저는 찬성입니다. 선생님.”

“허허, 고맙네. 자네 학생들을 빌려줘서.”

유클리드 선생님은 곧장 아르키메데스 쪽으로 고개를 돌려 말을 이어갔다.

“아르키메데스 군. 방금 코논 선생의 물음에 대한 자네의 답변은 그냥 흘려버리기에는 못내 아까워서 말이지. 좀 더 내용을 알차게 준비하여 다음 주에 전교생 앞에서 한번 발표해보지 않겠나?”

“저는 좋습니다. 유클리드 선생님.”

“율리우스 군. 자네도 마찬가지네. 어떤가?”

아르키메데스 저 녀석, 저렇게 아무런 망설임 없이 덜컥 승낙해 버리다니. 분명히 전교생 앞에서 나를 망신 주려는 계획일 테지. 괘씸해서라도 나 역시 이대로 물러날 수는 없다.

“저도 아주 좋습니다! 좋은 기회를 주셔서 감사합니다!”

“허허허. 좋아, 좋아. 자네 둘의 발표는 분명히 다른 많은 학생들에게 큰 영감을 안겨줄 걸세. 부디 한 주간 열심히들 준비해주게나.”

유클리드 선생님은 허허 웃으시며 교실을 나가시려다 갑자기 걸음을 멈추곤 뒤돌아 코논 선생님에게 말했다.

"코논 선생. 혹시나 해서 하는 얘기네만. 아르키메데스 학생과 개인적 친분이 있다고 해서 따로 훈수를 둔다거나 해선 안 되네."

"아, 네, 알겠습니다. 선생님."

그 말을 마지막으로 유클리드 선생님은 교실에서 나갔고, 수업은 계속 진행되었다.

가슴이 두근거렸다. 어쩌면 다음 주의 발표는 그동안 내가 아르키메데스에게 당한 수모를 되갚을 절호의 기회일지도 모른다. 일주일이면 빈틈없이 준비하기에도 충분한 시간이고 말이다.

수업이 끝나고 다음 수업 준비로 분주하던 중, 아르키메데스가 걸어오더니 말을 걸었다.

"율리우스, 이렇게 하자."

나는 아르키메데스를 쏘아보았다.

"뭘?"

"다음 주 발표에서 만약 네가 나의 논리를 논파했다는 평가를 받는다면, 내 깔끔하게 소니아를 너에게 양보하마."

"뭐? 양보? 소니아가 무슨 물건인 줄 알아? 무슨 전리품이야?!"

"소니아가 자유인의 신분이 되려면 주인인 우리 어머니뿐 아니라 내 승인도 있어야 해. 어머니께서는 승인 서류를 작성하셨지만 나는 아직 하지 않았다. 만약 다음 주 발표에서 네가 나를 이긴다면 내 순순히 그 서류에 서명하도록 하지. 하지만 그와 반대로, 만약 발표회에서 내가 너를 이긴다면 너도 남자답게 그녀를 깔끔히 포기해라. 어때?"

"유치해서 못 들어주겠네. 그동안 온갖 착한 주인인 척은 혼자서 다 하더니. 결국 너도 다른 사람들과 다를 바 없었구나?"

"싫으면 관둬라. 어차피 소니아의 거취는 내게 달렸으니. 그와 별개로 너는 발표 날 전교생 앞에서 망신당할 각오나 해."

아르키메데스는 특유의 재수 없는 말투로 이죽대며 뒤돌아섰다.

도저히 참을 수 없다. 그래, 기왕 이렇게 된 거. 이판사판이다.

"좋아! 승부를 보자."

아르키메데스 녀석의 꾀에 넘어가는 것 같아서 기분은 나빴지만, 그렇다고 물러날 이유도 없다. 내가 이기기만 한다면 그녀는 자유인의 신분을 얻을 수 있다. 그것은 곧 나와 그녀의 자유로운 교제 또한 허락됨을 의미한다.

"대신에 아르키메데스, 방금 네가 한 말은 분명히 지키는 거다?"

"너야말로. 발표에서 진다면 다시는 그녀 앞에 얼씬도 하지 않겠다고 약속해라."

"흥, 그래 알았다. 일리아나, 네가 나중에 우리 둘 사이의 증인이 되어 줘."

아까부터 우리 둘 사이에서 어쩔 줄 모르던 일리아나는 갑작스레 자기에게 튄 불똥에 깜짝 놀랐다.

"뭐? 내가?"

그녀는 황당한 표정으로 나와 아르키메데스를 계속 번갈아 보았다.

II.

"어쩌자고 그런 제안을 수락하신 거예요? 이미 크산티아 님은 우리 둘의 교제를 허락하셨단 말이에요!"

소니아는 나를 쏘아붙였다.

"그런 줄 몰랐지… 그리고 워낙 아르키메데스가 나를 무시해서…."

"가만 보면 충동적인 건 오히려 아르키메데스 님보다 율리우스 님 쪽인 거 알아요?"

나는 소니아의 다그침에 꿀 먹은 벙어리가 됐다. 아닌 게 아니라 지금 나와 소니아는 아르키메데스의 집을 벗어나 밖에서 함께 시간을 보내고 있다.

사건이 벌어졌던 그 날, 소니아는 크산티아 님에게 나와 함께하고 싶다는 의사를 밝혔고, 크산티아 님은 소니아가 자유인의 신분을 얻기 전까지는 매주 쉬는 날에 밖에서 나를 만나고 와도 좋다는 허락을 내리셨다고 한다.

일이 그렇게 잘 풀렸을 줄이야.

"하지만 아무리 크산티아 님이 허락하셨다 해도 여전히 아르키메데스 녀석의 눈치는 봐야 하잖아? 또 그 자식이 언제 마음이 변해서 너를 해코지할지도 모를 일이고 말이야. 기왕이면 이참에 확실히 자유인의 신분이 되는 것이 좋지 않겠어?"

"그건 그렇지만. 만약 율리우스 님이 지기라도 하면 그땐 정말 어쩌시려고요?"

"지긴 내가 왜 져? 빈틈없이 잘 준비하면 되지."

"아르키메데스 님은 허투루 준비하시겠어요? 제가 말했잖아요. 그분은 훗날 무려 세계 3대 수학자 가운데 한 명으로 꼽히는, 그런 분이라고요."

분명 소니아의 말이 아주 과장된 것만은 아니다. 아르키메데스는 우리 알렉산드리아 학교의 으뜸이라 해도 좋을 만큼, 학교 선생님들도 학생들도 모두 입을 모아 칭찬하는 녀석이다. 이미 학교 바깥에서도 녀석의 명성은 자자하고 말이다.

그에 반해 나는 기껏해야 몇몇 선생님에게만 간신히 인정받는 수준일 뿐. 하물며 일리아나조차도 평소 아르키메데스 녀석은 그렇게 치켜세우면서 나는 무시하지 않는가.

"그래서, 각자 발표하기로 한 주제는 무슨 내용인가요?"

"아 그게, 아르키메데스 녀석은 지렛대의 원리를 이용해서 평면도형의 면적 비를 구하는 내용을 발표할 거야. 나는 그 방법의 허점에 대해서 발표할 거고."

"율리우스 님이 대놓고 아르키메데스 님을 공격하신 거군요?"

"하하. 그건 그럴 만한 사정이… 응, 미안해. 소니아."

왜인지 그녀에게는 항상 사과하게 된다.

"전교생을 모아놓고 발표하는 거라면, 단순히 내용의 논리성보다는 참신함이 결과에 큰 영향을 미칠 거예요. 대다수 사람들은 그 점에 더 감동받으니까요. 무슨 얘긴지 아세요? 율리우스 님은 이미 시작부터 아르키메데스 님에게 지고 들어가는 거라고요."

"그, 그래?"

"당연히 내용의 흐름상 발표 순서도 아르키메데스 님이 먼저겠지요? 지금 일핏 들어봐도 무게중심과 지렛대의 원리로써 도형이 면적을 가늠한다는 건 참으로 놀랍고 참신한 발상이에요. 저만 그렇게 생각할까요? 이미 안팎으로 명성이 자자한 아르키메데스 님이 일주일이라는 시간 동안 더 치밀하게 준비한 발표는 보나 마나 전교생에게 압도적인 지지를 받을 겁니다. 그에 맞서서 율리우스 님이 반박하려는 내용은 무엇인가요?"

"음, 그게 말야. 일단 지렛대라는 건 틀림없이 그 자체에도 무게가 있잖아? 그러니까 아무리 해도 아르키메데스의 방식으로는 두 평면도형의 넓이 비를 정확하게 구할 수 없다는 내용을 발표하려고 했지."

"맙소사… 율리우스 님! 저를 이대로 포기하고 싶으셨던 거예요? 혹시 제가 싫으세요?!"

"어? 아니!? 이게 그렇게도 말이 안 되는 소리야? 왜?"

"어휴! 정말…"

뭔지는 몰라도 내가 또 엄청난 잘못을 한 모양이다. 나는 죄인처럼 숨을 죽이고 가만히 소니아의 눈치를 살폈다.

소니아는 땅이 꺼지라 연거푸 한숨을 쉬더니 말을 이어갔다.

"율리우스 님의 말이 틀렸다는 게 아니에요. 다만 누가 들어도 율리우스 님의 논리는 그저 아르키메데스 님의 놀라운 발표를 깎아내리기 위해서 억지로 흠을 잡는 것으로밖에 안 보일 거라는 게 문제죠. 대부분의 사람은 그 정도의 논리적 결함은 사소하다고 생각해 무시한다고요."

"그, 그런가…?"

정적이 우리를 감쌌다. 나는 발표회에 대한 소니아의 부정적인 전망에 살짝 위축되었고, 소니아는 골똘히 생각에 빠졌다.

시간이 조금 지나자 그녀가 입을 열었다.

"하지만 아주 승산이 없는 건 아니에요. 지금 이 시대에서 아르키메데스 님은 그래 봐야 고작 특출한 학생일 뿐이니까요."

"응?"

"… 유클리드 님의 명성이 필요해요. 아르키메데스 님의 발상을 뛰어넘을 새로운 논리를 찾아내는 게 아니라면… 지금으로선 그것만이 율리우스 님이 아르키메데스 님을 이길 수 있는 방법일 거예요."

"그게 무슨 말이야? 소니아."

"지금 이 시대 최고의 수학 권위자가 누굴까요? 아르키메데스 님? 전혀 아니죠. 백 명한테 물으면 백 명 모두 유클리드 님을 으뜸으로 꼽을 거예요. 그러니까 설령 똑같은 논리라 하더라도 그것을 율리우스 님이 말씀하시느냐, 아니면 유클리드 님이 말씀하시느냐에 따라서 파급력은 어마어마하게 달라진다는 얘기예요. 즉, 율리우스 님의 논리에 유클리드 님의 후광을 제대로 입힐 수만 있다면, 발표회의 판세가 역전될 수도 있다는 거죠."

"오…! 무슨 말인지 알 것 같아! 역시 소니아! 존경하는 셀레네 님!"

"놀리지 마시고요. 이럴 때만 셀레네 님이래."

"그런데 과연 유클리드 선생님께서 나를 도와주실까? 코논 선생님한테도 아르키메데스를 개인적으로 도와주지 말라 못 박으셨는데?"

"미쳤어요? 당연히 그건 반칙이죠! 설령 유클리드 님이 먼저 도와주신다고 하더라도 정정당당한 사람이라면 응당 거절하는 것이 맞는 거리고요."

음, 나 오늘 소니아한테 많이 혼나네….

"그러면 어떻게 유클리드 선생님의 후광을 내 논리에 입힐 수 있겠어?"

"원론을 뒤져봐야죠. 율리우스 님의 논리를 뒷받침할 내용이 있는지 샅샅이 찾아봐야지요."

"만약 찾아봤는데 없으면?"

"그러게 왜 그런 말도 안 되는 승부를 멋대로 수락하신 거예요? 율리우스 님은!"

"미, 미안, 소니아…"

어째 내가 점점 작아지는 기분이다.

그래도 이처럼 진지하게 함께 고민해 주는 그녀가 내겐 그저 사랑스러울 따름이다.

그래, 까짓것 찾아내 주마. 일주일 내내 한숨도 안 자고 밤을 새워서라도 원론을 모두 뒤져서 아르키메데스의 논리를 보란 듯이 멋지게 반박할 근거를 찾아낼 것이다.

그래서 소니아에게 반드시 자유인의 신분을 선사하고 말리라. 그것이 지금의 내가 그녀에게 해줄 수 있는 가장 현실적이면서도 낭만적인 선물일 테니.

III.

원론 제1권. 5개의 공리와 5개의 공준. 23개의 정의. 그리고 48개의 정리.

원론 제2권. 2개의 정의. 14개의 정리.

원론 제3권. 11개의 정의. 37개의 정리와 2개의 따름정리[1].

원론 제4권. 7개의 정의. 16개의 정리와 1개의 따름정리.

원론 제5권. 18개의 정의. 25개의 정리.

원론 제6권. 4개의 정의. 33개의 정리와 2개의 따름정리.

원론 제7권. 22개의 정의. 39개의 정리.

원론 제8권. 27개의 정리.

원론 제9권. 36개의 정리와 1개의 따름정리.

원론 제10권. 16개의 정의. 115개의 정리와 9개의 따름정리.

원론 제11권. 28개의 정의. 39개의 정리와 1개의 따름정리.

원론 제12권. 18개의 정리와 3개의 따름정리.

원론 제13권. 18개의 정리와 2개의 따름정리.

총 10개의 공리 및 공준. 131개의 정의. 그리고 그로부터 파생된 486개의 정리 및 따름정리.

---

1 어떤 정리로부터 바로 유도되는 참인 명제. 예를 들어, 'A는 B이다'와 'B는 C이다'라는 두 정리가 있을 때, 삼단논법에 의해서 따름정리 'A는 C이다'가 선언될 수 있다.

이 많은 명제 중에 분명 어딘가에는 있을 것이다. 그저 아직 내가 찾아내지 못한 것일 뿐이다.

아니면 이미 적합한 명제를 마주했었으나, 알아채지 못하고 그냥 지나쳐 버린 것은 아닐까? 그것도 아니라면… 설마 이 많은 명제 중에서도 내가 찾는 명제는 애초에 없었을 가능성은?

그제도, 어제도 도서관에서 책들과 씨름하며 밤을 지새웠다. 발표 날짜가 다가올수록 밀려오는 불안감과 초조함에 도저히 잠을 이룰 수가 없었다.

보고 있던 책 위로 갑자기 빨간 액체가 떨어졌다. 이건 뭐지?

이내 빨간 액체가 후두두둑 책 위로 마구 쏟아져 내렸다.

아차! 황급히 소매로 코를 막고선 고개를 뒤로 젖혔다. 큰일이다. 이렇게 꾸물거릴 시간이 없는데….

"허허. 율리우스 군, 내 책을 다 망가뜨릴 셈인가?"

누구지?

목소리가 들리는 방향으로 고개를 돌려보았다. 그곳에는 놀랍게도 유클리드 선생님께서 와 계셨다.

"엇! 유클리드 선생님! 여긴 어쩐 일로…?"

"그러고 있는 모습을 보니, 내가 율리우스 군에게 너무 무리한 부탁을 한 것은 아닌지 미안한 마음이 드는구먼."

"아, 아닙니다! 선생님. 저는 감사한 마음으로 발표를 준비하고 있어요. 다만 책을 더럽힌 것은… 하하… 이거 어쩌죠?"

"허허. 농담한 걸세. 책이야 또 만들면 되니 전혀 신경 쓰지 말게나."

나는 민망해서 뒤통수를 긁적거렸다. 그러고 보니 마지막으로 몸을 씻은 지도 며칠이 지났구나. 뒷머리가 온통 떡이 져 있었다.

"율리우스 군. 난 자네가 몇 달 전부터 매주 꾸준히 원론을 대여해 가는 걸 알고 있었다네. 원론의 도서 대여 대장을 확인하니 온통 자네 이름으로 가득하더군. 마치 처음 아르키메데스 군이 우리 학교에 입학했던 그때처럼 말이지."

"아? 아하, 네."

'선생님, 사실 그건 제가 읽으려고 빌린 게 아니라 어떤 여인을 위해서 대신 빌렸던 겁니다.'라는 말은 속으로 꾹 삼켰다.

하긴, 동기야 어떻든 나도 책을 빌리면서 틈틈이 공부했던 건 사실이니까.

"아르키메데스 군은 분명 특출한 재능을 지닌 학생이야. 올바르게만 성장한다면 장차 이 나라에서, 아니 어쩌면 이 세상에서 손에 꼽힐만한 타고난 수학자가 될 재목이지. 다만, 안타깝게도 지금의 아르키메데스 군에겐 한 가지 부족한 것이 있네. 바로, 자신의 타고난 재능에만 안주하지 않고 이를 부지런히 갈고닦을 수 있도록 자극을 줄 선의의 경쟁자 말이네."

"경쟁자요?"

"더욱이 그 경쟁자가 만약에 동년배 친구라면, 자극은 더욱 오래도록 아르키메데스 군의 가슴에 남아 꺼지지 않는 불씨가 될 테지. 불행히도 그 특출한 재능 탓에 여태껏 단 한 번도 그런 경험과 기분을 느껴보지 못했을 테니 말일세. 율리우스 군, 나는 자네가 능히 그런 아르키메데스 군의 선의의 경쟁자가 되어줄 수 있을 거라 기대한다네."

"네? 제가요?"

유클리드 선생님은 지긋이 미소를 지어 보이더니 갑작스레 질문을 하셨다.

"공리와 공준 그리고 정의의 의의에 대해서 설명할 수 있겠나?"

갑자기 무슨? 나를 시험하시는 건가?

"명제들의 참과 거짓을 증명하는 기본 근거가 됩니다."

"흠, 좀 더 자세히 설명해보게."

"문장이 명제이기 위해선, 즉 문장이 참과 거짓 어느 하나로 명확하게 구분되기 위해선 문장을 구성하는 용어들 또한 명확하게 정의되어 있어야 합니다. 그리고 논증의 순환을 막기 위해선 최초의 근거가 되어줄 공리 및 공준이 필요한 것이고요."

"허허. 아주 잘 대답했네. 맞아. 원론에 내가 펼쳐놓은 수백 가지 정리는 결국 그 정의와 공리 그리고 공준 들로부터 유도된 결과물일 뿐이지."

"..."

"그럼 자네. 혹시 원론 제1권에 서술해놓은 정의들을 책을 보지 않고 읊어볼 수 있겠나?"

"네, 어느 정도는요. 공부하면서 워낙 자주 들춰보다 보니 자연스럽게 외워졌습니다."

"허허, 좋아. 그럼 어디 점의 정의부터 한번 읊어보게나."

"점 말입니까? 점은 부분이 없는 것입니다."

"선의 정의는?"

"선이란 폭이 없는 길이입니다."

"면은?"

"면은 길이와 폭을 갖는 것입니다."

"대답하는 속도가 마치 화살과도 같구먼, 허허허."

"뭘요. 선생님께서 기본 용어들만 물어보셨잖습니까?"

"바로 그 기본이 중요한 걸세. 기본이 결여된 가지들은 결국 아무 의미 없는 허무맹랑한 문장들일 뿐이니."

"...?"

"허허허, 율리우스 군. 너무 무리하지 말게나. 열심히 공부하는 것도 좋지만 그러다 건강 상할까 염려되네."

그 말을 마지막으로 유클리드 선생님은 내 어깨를 툭툭 치고선 뒤돌아 걸어 나가셨다. 나는 영문을 몰라 유클리드 선생님이 나간 쪽을 멍하니 바라보다가 문득 코에서 팔을 떼어 보았다. 다행히도 코피는 어느새 멎어 있었다.

피로 흥건히 젖은 소매를 닦기 위해 수돗가로 향했다. 가는 길에 유클리드 선생님과의 대화를 천천히 복기해 보았다. 내가 아르키메데스 녀석의 경쟁자가 될 거라는 유클리드 선생님의 기대에는 감사하지만, 이후에 나에게 왜 그런 쉬운 질문들을 하신 걸까?

밝은 달빛 아래서 수돗가의 흐르는 물에 소매를 빨면서도 생각은 계속 이어졌다.

그리고 나는 곧, 온 마을이 떠나가라 기쁨의 환호성을 질렀다.

"유레카!!^{2}"

Ⅳ.

발표의 날이 밝았다.

이른 아침부터 나는 아르키메데스의 집에 들렀다. 소니아의 얼굴을 한번 보고 가고 싶어서다.

"헤르메이아스!"

"어? 율리우스 님, 이 시각에 어쩐 일이십니까?"

"소니아를 좀 불러다 주겠어?"

"후후, 율리우스 님. 아무리 소니아가 보고 싶으셔도 이렇게 휴일도 아닌 날 아침부터 불쑥 찾아오시는 건 좀 모양 빠지는 일 아닙니까?"

"하하, 그런가? 그래도 오늘은 아주 특별한 날이거든!"

"오오. 그래요?"

"응. 오늘 드디어 내가 소니아를⋯ 하하 뭐 그건 그렇고. 아무튼 좀 불러다 줘."

"알겠습니다. 잠시만 기다리십시오."

2 고대 그리스어 εὕρηκα heúrēka에서 유래한 '유레카'는 '나는 찾았다'라는 뜻이다.

그때였다.

"웃기고 있네! 율리우스. 여기가 무슨 네 집이야?"

언제부터 우리의 대화를 듣고 있었던 것인지, 아르키메데스가 불쑥 나타나 소리쳤다.

"아르키메데스, 너한테 볼일 있어서 온 거 아니니까 그냥 지나가라."

"웃기시네. 여긴 내 집이야. 감히 네가 어디서 오라 가라야?"

"오늘 같은 날 벌써 서로 얼굴 붉혀야겠냐?"

"오늘 같은 날이니까 이렇게 얼굴 붉히는 거다. 앞으로는 이럴 일도 없을 테니."

"뭐?"

"이해 못하는 척하긴. 오늘 이후로는 네가 우리 집에 얼씬도 못 할 거라는 말이다."

"하하. 너답네. 아주 자신감이 넘치는구나. 아르키메데스."

아르키메데스는 나의 말에 의기양양한 미소를 지어 보였다.

"그래, 율리우스. 뭐 까짓거. 소니아랑 마지막 작별 인사 정도는 하고 가라. 그마저도 못 하게 하면 나중에 소니아가 나를 원망할지도 모르니. 나는 먼저 가서 발표 준비나 하고 있으련다."

아르키메데스는 일부러 내 어깨를 툭 치고서 지나갔다. 순간 화가 폭발할 뻔했지만, 두 눈을 감고 화를 꾹 참았다. 눈을 뜨니 헤르메이아스가 내 앞에서 어찌할 줄 모르고 있었다.

"후우… 헤르메이아스. 다시 부탁할게. 소니아 좀 불러줘."

"아, 네! 조금만 기다려 주십시오."

헤르메이아스는 부리나케 집 안으로 들어갔다. 그래, 그녀의 얼굴을 보고 기분 푸는 거야.

하지만 얼마나 시간이 지났을까.

소니아도, 소니아를 찾으러 들어간 헤르메이아스도 꽤 오랜 시간 동안 나타나지 않았다.

어떻게 된 일이지?

발표 시각이 임박해 올수록 조금씩 마음이 초조해지기 시작했다.

그때. 헤르메이아스가 헐레벌떡 뛰어나오는 게 보였다.

"헤르메이아스! 소니아는?"

"율리우스 님! 그게, 아마도 크산티아 님께서 심부름을 보내셨나 봅니다."

"뭐? 그럼 지금 집에 없단 얘기야?"

"네. 원래 지금쯤 소니아는 부엌 청소를 하고 있을 시간인데, 부엌에도 없고, 혹시나 해서 그녀의 방에도 가 봤는데 없었습니다."

"이런, 하필이면…"

"율리우스 님. 이제 빨리 학교로 가보셔야 하는 거 아닙니까? 소니아는 학교 다녀온 후에 만나도록 하시지요. 제가 율리우스 님이 다녀가셨다고 전하겠습니다."

"그래, 아쉽지만 할 수 없지…. 그럼 소니아에게 내가 이따 학교 마치고서 곧장 들르겠다고도 좀 전해줘!"

"네, 알겠습니다. 잘 다녀오십시오. 율리우스 님."

나는 바로 학교를 향해 뛰었다.

그래. 어차피 오늘 발표만 끝나면 그녀를 실컷 볼 수 있을 테니까. 그 녀를 보기 위해서 이렇게 불편한 마음으로 아르키메데스의 집까지 찾아올 필요도 없어. 앞으로는 옆을 돌아보기만 해도 그녀가 내 곁에 있을 테니까.

소니아의 얼굴을 떠올리는 것만으로도 미소가 지어졌다.

오늘 절대로 떨지 않고 잘 해내리라. 다시 한번 굳게 다짐했다.

V.

"… 삼각형의 전체 무게는 이 삼각형의 무게중심인 점 α에 집중되어 있습니다. 따라서 포물선의 축과 평행한 임의의 선분 β의 무한히 작은 무게는 선분 β가 지렛대 γ와 만나는 점 δ에 집중되죠."

아르키메데스의 발표가 한창이다.

"따라서 선분 β의 무게가 점 δ에 집중되어 있고, 선분 β의 포물선 아래 부분의 무게는 점 ϵ에 집중되어 있다고 가정해봅니다. 그러면…"

아르키메데스는 수업 시간에 말했던, 무게중심과 지렛대의 원리로 도형의 면적을 구하는 방법을 한층 구체화시켜 사례를 들어가며 청중을 몰입시키고 있었다.

"… 한편, 지렛대 γ와 삼각형이 만나서 생기는 중선의 전체 길이는 무게중심 α로 분할되는 짧은 선분 길이의 3배입니다. 따라서 삼각형의 면적은 포물선과 아래 선분으로 둘러싸인 면적의 3배입니다."

아르키메데스는 중간중간 포물선의 특성에 대한 설명, 중선 및 무게중심의 관계 그리고 비례식의 전개 과정에 대해서도 길게 설명했는데, 결국 그가 발표한 내용의 큰 흐름을 그림으로 요약해 보면 다음과 같다.

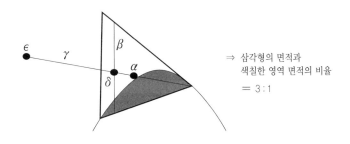

⇒ 삼각형의 면적과
  색칠한 영역 면적의 비율
  = 3 : 1

다른 내용이야 수업 시간에 다루었으니 차치하더라도, 저 곡선으로 둘러싸인 영역의 면적을 구한다는 아르키메데스의 발상은 참으로 놀랍다.

쉽게 면적을 구할 수 있는 도형(삼각형)과의 면적 비를 통해서, 기존의 정형화된 방법으로는 도저히 구할 수 없는 도형의 면적을 보란 듯이 멋지게 구한 것이다.

"이 원리를 응용하면 비단 도형의 면적뿐 아니라 도형의 부피 또한 얼마든지 쉽게 구할 수 있습니다. 평면도형의 무게중심을 찾았듯이 입체도형의 무게중심을 찾기만 하면 그만이니까요. 다만 아직 이런 도형들의 무게중심을 구하는 방법에 대한 연구는 미진하기에, 저는 앞으로 이에 대한 연구를 해 나갈 계획입니다. 이것으로 저의 발표를 마치겠습니다."

"와아!"

우레와 같은 박수와 함성이 터져 나왔다. 예상보다 훨씬 더 청중의 호응은 대단했다. 내 옆에서 흥분해서 떠드는 학생들의 말을 들으니, 앞으로 도형의 면적을 구하는 방식이 방금 아르키메데스가 발표한 방법으로 통합될지도 모른다며 야단법석이었다.

아르키메데스는 의기양양하게 강단에서 내려왔고, 곧 유클리드 선생님이 강단에 올라 진행을 이어갔다.

"정말 놀라운 발표였네, 아르키메데스. 자네와 같은 학생이 우리 학교에 있다는 건 참으로 자랑스러운 일이 아닐 수 없네. 다들 수고한 아르키메데스 군에게 다시 한번 박수를 보내주게나."

전교생의 박수 소리가 한 번 더 회장을 가득 메웠다. 가슴이 두근두근 떨려왔다. 오늘 집을 나설 때만 하더라도 전혀 느끼지 않았던 긴장감이 어느새 나를 가득 채우고 있었다.

그때였다. 한 학생이 손을 번쩍 들더니 유클리드 선생님께 발언을 요청했다. 유클리드 선생님은 가벼운 손짓으로 이를 승낙했다.

그 학생은 자리에서 벌떡 일어나 큰 소리로 질문했다.

"유클리드 선생님! 방금 아르키메데스의 발표 내용은 분명 신비로웠습니다. 하지만 저는 근본적으로 드는 의문을 차마 떨치기가 힘듭니다. 대체 우리는 왜 이런 이론들을 공부하고 익히는 겁니까? 대체 방금과 같은 아르키메데스의 이론은 우리 실생활의 어디에서 써먹을 수 있는 겁니까?"

일순간 소란스럽던 청중의 분위기가 잠잠해졌다. 유클리드 선생님은 허허 웃으시더니 답변하셨다.

"학생. 수학은 실생활의 어디에 쓰기 위해시민 하는 깃이 아닐세."

질문한 학생은 고개를 한 번 갸우뚱하더니 다시 물었다.

"그럼 대체 왜 하는 거죠?"

"허허. 그것을 어떻게 단언할 수 있겠나. 자네는 길거리를 걷는 사람들이 어떤 이유로 걷는지 단언할 수 있나? 누군가는 시장에 가기 위해, 누군가는 운동을 하기 위해, 또 다른 누군가는 그저 시간을 때우기 위해 걸을 텐데 말일세. 수학을 하는 이유 또한 이와 마찬가지네. 다만 그런 질문을 한 자네에게 내가 해주고 싶은 대답은 '즐거움'이네. 수학을 통해 우리의 본능과도 같은 호기심을 해결하고, 지성의 영역을 확장하는 것이야말로 우리 인간만이 추구할 수 있는 특권이자 궁극의 즐거움이지."

"...?"

"금전적인 이득이 있어야만, 또는 생활에 쓰기 위해서만 공부를 하는 것이라고 믿는다면 지금 당장이라도 학비를 환불해 줄 테니 집으로 돌아가는 편이 나을 걸세. 안타깝지만 학교는 그런 자네에게 어울리는 공간은 아닐 테니 말일세."

유클리드 선생님은 언제나처럼 인자한 얼굴이셨으나, 어조에는 강한 힘이 실려 있었다. 그 학생은 멋쩍은 듯 잠시 쭈뼛거리다 다시 조용히 자리에 앉았다.

"자 그럼 아르키메데스 군의 놀라운 발표에 대해서 우리 학교의 또 다른 자랑, 율리우스 군이 발표를 이어가도록 하지. 율리우스 군. 준비

되었는가?"

"네? 네!"

나는 자리에서 벌떡 일어나 강단으로 걸어 나갔다.

("쟤는 누구야?")

("이름이 뭐라고? 율리우스?")

("어? 쟤 나랑 같은 수업 듣는 앤 거 같은데?")

수군거리는 소리가 곳곳에서 들렸다. 대부분은 내가 누구기에 강단에 서는 것인지 의아해할 테지.

강단에 서서 수많은 청중을 눈앞에 두니 머릿속이 하얘졌다.

일단 내 소개는 해야겠다는 마음에 덜덜거리며 간신히 입을 뗐다.

"안, 안녕하세요. 반갑습니다! 저, 저는 엘마이온입니다!"

싸한 정적이 흘렀다. 아차!

"아, 아니! 제 이름은 율리우스입니다!"

몇몇 학생이 웃음을 터뜨렸다. 이런, 왜 내 입에서 그 이름이 나온 거야? 창피해서 얼굴이 다 화끈거렸다.

"허허, 율리우스 군. 긴장하지 말고 차분히 하게. 그런데 엘마이온이라니? 그건 무슨 이름인가?"

"아, 엘마이온은 그러니까… 제가 평소에 존경하던 수학자의 이름입니다!"

유클리드 선생님의 질문에 당황한 나는 아무렇게나 나오는 대로 대답해 버렸다.

"으음? 수학자라고? 엘마이온이라는 수학자가 있었던가? 생소하구먼. 어떤 분이신가?"

"아… 엘마이온은 과거 피타고라스학파의 수학사 히파소스의 세사였습니다. 자신의 스승인 히파소스를 도와 무리수의 존재를 밝혀낸 사람…이지요."

"그래? 그런 분이 있다는 건 나도 미처 모르고 있었군. 자네는 어지간히도 그분에게 깊이 매료되었나 보구먼. 허허허."

선생님은 잠시 웃으시다가 말씀을 이어 나가셨다.

"자 그럼, 긴장 풀고. 이제 다시 차분하게 발표를 시작해 보도록 하게."

"네, 선생님."

유클리드 선생님은 지긋이 미소를 지어 보이시곤 청중석으로 내려가셨다.

나는 고개를 들어 다시 한번 앞에 있는 수많은 청중을 바라보았다. 족히 삼백 명은 되는 듯한 청중이 숨죽여서 나의 다음 말을 기다리고 있었다.

그 순간, 머릿속 한편에서 과거 아쿠스마티코이 발표회의 풍경이 선명하게 떠오르기 시작했다. 수의 조밀성을 발표해서 수많은 아쿠스마티코이들뿐만 아니라 마테마티코이인 데모스쿠스 님까지도 깜짝 놀라게 했던 그 날의 나의 발표가.

맞아. 나는 엘마이온이야. 고작 이런 발표회에서 긴장하다니. 가당치 않아.

어느새 온몸을 휘감던 떨림과 긴장이 사그라지고, 대신 익숙함과 용

솟음치는 자신감이 그 자리를 채우고 있었다.

나는 확신에 찬 어조로 입을 뗐다.

"앞서 발표한 아르키메데스의 발표 내용은 분명 놀라운 발상이 돋보이지만, 안타깝게도 그 논리에는 커다란 결함이 있습니다."

한쪽 눈썹을 치켜들고 나를 고깝게 바라보고 있는 아르키메데스와 인자한 표정으로 지긋이 나의 발표를 경청하고 있는 유클리드 선생님의 모습이 눈에 들어왔다.

"아르키메데스의 논리는 평면의 무게를, 해당 평면에 포함되는 선분의 무한히 작은 무게에 대응시키는 것으로부터 시작됩니다. 이는 곧 면과 선을 동일 선상에 놓고 보는 관점이지요. 면이 선들로써 이루어져 있다는 겁니다. 얼핏 그럴싸하게 들리는 이 논리는 수학적으로는 명백한 오류입니다. 그것도 무려, 앞에 계신 유클리드 선생님의 가르침에 어긋나는 논리이지요."

청중들의 눈이 커졌다.

"유클리드 선생님의 원론 제1권에는 선과 면에 대한 정의가 명시되어 있습니다. 정의 2번에 의하면 선이란 폭이 없는 길이입니다. 그리고 정의 5번에 의하면 면이란 길이와 폭을 갖는 것이죠. 즉, 폭이 존재하는 면과 폭이 존재하지 않는 선은 애초에 아르키메데스의 논리처럼 동일 선상에 놓을 수 없는 개념이란 겁니다."

"이의 있습니다!"

아르키메데스는 얼굴이 시뻘게져선 자리에서 벌떡 일어나 소리쳤다.

"율리우스 그리고 여러분! 면을 한없이 자잘하게 쪼갠다고 생각해 보십시오. 그러면 쪼개지는 면은 점점 그 폭이 좁아지다가 언젠가 결국 선이 되지 않겠습니까?"

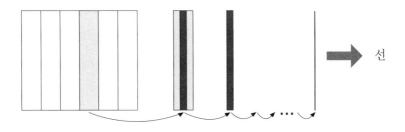

"아르키메데스, 면은 아무리 쪼개도 여전히 면일 뿐이지 선이 될 수 없습니다."

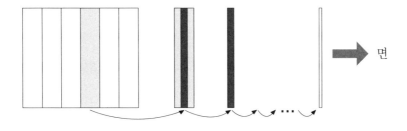

"율리우스 이건 조금만 깊게 생각하면 바로 이해할 수 있는, 지극히 당연한 상식입니다! 억지 부리지 마십시오!"

"상식이라면, 지금 그게 공리라고 주장하는 겁니까? '면을 한없이 쪼개면 선이 된다?' 아르키메데스, 원론에 당신이 주장하는 그런 공리는 존재하지 않습니다."

"그건…!"

"아니면 당신이 주장하는 명제가 정리입니까? 정리라면 그 명제의 근간이 되는 정의와 공리가 존재할 테죠. 당신이 주장하는 그 문장은 대체 어떤 공리와 어떤 정의를 근거로 하고 있죠?"

"…"

"그것도 아니라면 혹시 당신은 유클리드 선생님의 기하학 체계를 무시하고, 새로운 기하학 체계를 만들기라도 하려는 것입니까? 좋습니다. 그렇다면 대체 아르키메데스 당신이 주장하는 그 논리를 뒷받침하는 기하학 체계는 무엇이며, 어떠한 공리들이 있으며, 선과 면에 대한 정의는 각각 무엇입니까? 아르키메데스. 지금 억지 논리를 펴고 있는 게 누구인지 다시 한번 차분히 생각해 보기 바랍니다."

아르키메데스의 얼굴빛이 점점 사색이 되어가고 있었다.

청중석에는 '아르키메데스가 감히 유클리드 선생님의 수학 체계를 무시하려 들다니', '다들 잘한다 잘한다 칭찬하니까 하늘 높은 줄도 모르는군'이라며 수군거리는 소리가 나오기 시작했다.

"여러분! 분명 아르키메데스의 발상은 놀랍습니다. 하지만 그 발상을 밑받침하는 근거를 제시할 수 없는 한, 해당 내용을 수학적 이론이라고 받아들이기엔 무리가 있습니다. 그런 방식으로는 어쩌다 가끔 훌륭한 이론이 발견되더라도, 그 이론이 일반적으로 통용되는 사실인지조차 확인할 도리가 없을뿐더러 확인되지 않는 온갖 낭설을 주장하는 이들로 혼란스러운 세상이 될 것이 뻔하니까요.

그런 사태를 미연에 방지하기 위해서, 유클리드 선생님께서는 그 오랜 시간 공을 들여 13권의 원론을 완성하신 겁니다."

　유클리드 신생님은 한쪽 입꼬리를 깊게 올리시머 나를 아주 흐뭇한 눈으로 바라보고 계셨다. 아르키메데스는 두 눈에 초점을 잃은 채 고개를 푹 숙이고선 하염없이 땅만 쳐다볼 뿐이었다.

다시
다른 시대로

I.

"헤르메이아스! 헤르메이아스!"

나는 학교를 마치고 곧장 아르키메데스의 집으로 뛰어왔다.

"아, 율리우스 님. 오셨습니까."

"소니아는 안에 있어?"

"저기 그게…"

헤르메이아스는 난감한 듯이 머리를 긁적거렸다.

"아까 율리우스 님이 학교로 가시고 나서 제가 다시 확인해 보니, 크산티아 님께서는 오전 중에 소니아에게 별도의 심부름을 시키신 적이 없다고 합니다. 그리고… 소니아는 지금까지도 집에 돌아오지 않았습니다."

"뭐라고?"

"방금도 소니아의 방에 가 보았으나 없었습니다. 어떻게… 안에 들어가서 그녀를 기다려 보시겠습니까?"

나는 불현듯 밀려오는 불안감에 성큼성큼 소니아의 방으로 향했다.

그녀의 방문을 열어보니 다행히도 방 안의 물건들은 고스란히 있었다. 그녀가 가출한 것처럼 보이지는 않았다.

'대체 어딜 간 거야. 오늘같이 기쁜 날에…'

늘 앉던 의자에 걸터앉고선 그녀를 기다리기로 마음먹었다. 뒤늦게 나를 따라온 헤르메이아스가 다과를 준비하겠다고 했으나 거절하였다.

어쩌면…

다른 시대로 간 걸지도 모른다.

애써 떨쳐내고 있지만, 이 생각은 끊임없이 내 머릿속을 비집고 들어왔다.

얼마나 시간이 흘렀을까?

불안감이 절망감으로 변해갈 무렵, 밖에서 이쪽으로 걸어오는 발걸음 소리가 들려왔다. 나는 반사적으로 일어나 문을 열고 나갔다.

"소니아!?"

하지만 눈앞에 있는 사람은 아르키메데스였다.

"아, 율리우스. 소니아는 아직 안 들어온 건가?"

"…"

"아까는 미처 말하지 못했다만, 오늘 발표에서 내가 너에게 졌다는 것을 깔끔하게 인정하려고 왔다. 헤르메이아스가 네가 여기 있다고 알려주더라고. 아무튼 소니아가 들어오면 즉시 나에게 데려오도록 해. 약속대로 그녀가 자유인이 되기 위한 서류에 서명을 해줄 테니 말이야."

"너도 소니아가 어디로 간 건지는 모르는 거냐?"

"뭐야? 지금 나를 의심이라도 하는 거야? 나 역시도 헤르메이아스의 보고를 듣고서야 그녀가 집을 나갔다는 걸 알았어."

"..."

"너무 걱정하지는 마라. 만약 오늘 밤까지도 그녀가 돌아오지 않는다면 내일 아침에 사람들을 풀어서 그녀를 찾아볼 테니."

"지금."

"응?"

"지금 당장 사람들을 풀어. 소니아에게 사고라도 난 거면 어쩌려고 그래? 그녀가 잠시 밖으로 나갔다가 괴한의 습격이라도 당한 거라면?"

"에이, 설마?"

"아르키메데스. 네가 그러고도 소니아의 주인이야? 넌 너의 식구들 일이라면 늘 최선을 다할 것처럼 말하더니. 한나절이 넘도록 들어오지 않는 그녀가 걱정되지도 않아?"

"… 알았다. 내가 경솔했군. 네 말대로 지금 즉시 사람들을 풀도록 하겠다."

아르키메데스는 두어 번 뒷걸음질 치더니 곧장 뒤돌아서 사람들을 불러 모으기 시작했다.

나는 다시 그녀의 방으로 들어와 한숨을 내쉬며 의자에 앉았다.

'소니아. 별일 없는 거지? 응? 설마 이렇게 나만 여기 남겨두고 다른 시대로 훌쩍 떠난 건… 아니지?'

수많은 감정이 폭풍우 치듯 밀려오는 그때, 문득 쌓여 있는 그녀의 일기장 꾸러미가 눈에 들어왔다.

Ⅱ.

방금 느꼈던 고통의 크기는 내가 다른 시대의 나로 덧씌워지는 날의 고통의 크기와 매우 흡사하다.

아마도 그녀가 최근에 작성한 것으로 보이는 일기의 시작 부분이다.

불안하다. 휴일은 이틀이나 남았는데. 과연 그때까지 내가 여기서 버틸 수 있을까? 이러다 그분께 작별 인사조차 하지 못하고 사라져 버리는 건 아닐까? 만약 그렇게 된다면 그분께선 얼마나 상심이 크실까? 나는 대체 어떻게 해야 하지?

우리가 공식적으로 만나는, 그녀의 휴일은 오늘로부터 이틀 후다. 그렇다는 건 이 일기가 오늘 아침에 작성된 거라는 걸 의미한다.

… 나는 무엇을 망설이는 걸까? 어차피 지금의 삶이 얼마 남지 않았다면, 이렇게 바보처럼 여기서 그분을 기다리고 있을 필요가 있을까?

그래. 내가 먼저 용기 내 찾아가 보는 거야. 요즘 들어서 점점 커졌던 확신… 어쩌면 그분이 '그'일지도 모른다는 것도 다른 시대로 가기 전에 꼭 확인해야만 해. 나에게 올지 안 올지도 모르는 불확실한 미래를 기다리고 있을 수만은 없어.

그녀의 마지막 일기는 이렇게 끝나 있었다.

이건 무슨 말이지? 아마도 그녀가 말하는 '그분'이란 나를 말하는 것 같은데, 내가 '그'일지도 모른다는 얘기는 도대체 무슨 소리지?

그리고 나를 먼저 찾으러 간다니. 그녀는 내 집이 어딘지도 모를 텐데?

혹시 모르니 집으로 가봐야겠다.

그녀의 일기장을 덮고선 원래 있던 자리로 돌려놓았다. 일기장 더미 사이사이에 꽂힌 그녀의 과거 이름들이 문득 눈에 들어왔다.

호기심이 생겼지만 더 지체할 시간은 없다.

나는 서둘러 일어나 그녀의 방을 나왔다. 이미 밖은 소니아를 찾기 위해 나온 아르키메데스 집안의 노예들로 온통 분주한 모습이었다.

집을 향해 무작정 뛰었다.

해가 뉘엿뉘엿 지면서 붉게 물든 하늘이 내 마음에도 불을 지피는 듯했다.

"어? 율리우스 군!"

헐떡이며 달리고 있는 나를 누군가가 불러 세웠다. 집 근처에 사는 아주머니였다.

"아, 아주머니."

"율리우스 군, 혹시 그 아가씨는 만났어?"

"네?"

"아까 오전에 웬 예쁘장한 아가씨가 율리우스 군의 집을 한창 수소문하며 다니던데?"

역시 그녀는 내가 사는 집을 찾아 나섰던 것인가!

"그럼 혹시 그녀에게 우리 집 위치를 알려주셨나요?!"

"아니. 어떤 여자인 줄 알고? 혹시 율리우스 군이 아는 사람이야? 아이고, 그럼 내가 알려줄 걸 그랬나?"

나는 다시 뛰었다.

이 바보 같은… 소니아. 당신은 어쩌자고 이렇게 무턱대고 길을 나선 거야? 마침 내가 오늘 당신을 만나려고 찾아갔었는데. 조금만 더 집에서 기다리고 있지….

한참을 달리다 보니 이번엔 나무를 수레에 한가득 싣고 가는 이웃집 아저씨와 마주쳤다.

"아저씨!"

"오, 율리우스 군. 학교에서 이제 오는 길인가?"

"아저씨. 혹시 저를 찾아서 돌아다니는 여인을 보신 적 있나요?"

"아, 그 예쁜 아가씨? 아까 점심때 시장에서 봤네."

"혹시 저희 집 위치도 알려주셨나요?"

"아니, 알려줄 걸 그랬나? 아무리 여자라고 해도 요즘 같은 세상에 어떻게 모르는 사람한테 집을 알려주겠나. 누군데 그래? 자네 여자친구야?"

마음이 탔다. 그녀는 대체 내 집을 찾기 위해 얼마나 헤매고 다닌 걸까?

그래도 다행인 건 그녀가 다른 시대로 넘어간 것은 아니라는 거다. 일단 내 속의 가장 큰 불안감은 해소되었다.

집에 도착하니 어느덧 해는 지고 하늘은 어둑어둑해지고 있었다.

마당부터 방 그리고 집 주변까지 샅샅이 다 살펴보았다. 하지만 아무리 찾아보아도 그녀는 흔적조차 보이지 않았다.

아직도 우리 집을 찾지 못한 걸까?

잠시 거친 숨을 고르기 위해 마당 바닥에 털썩 주저앉았다.

지금 이 시각에도 밖에서 헤매고 있을 그녀를 생각하니 속이 탔다.

"어? 율리우스 형!"

해가 져서 하나둘 집으로 돌아가는 동네 아이들 가운데 한 녀석이 말을 걸어왔다.

근처에서 과일 가게를 하는 집안의 맏이인 필론이었다.

"필론! 너 혹시 날 찾는 어떤 여자 못 봤니?"

"봤어. 아까 형 집 앞에 서 있던 누나 말하는 거지?"

"뭐? 집 앞에?"

소니아가 이미 내 집을 찾았다는 말인가.

"응. 되게 예쁜 누나였는데. 헤헤. 혹시 형 애인이야?"

"혹시 지금은 어디로 갔는지 아니?"

"몰라. 형아 집 앞에서 한참 동안 서 있던 것만 봤어. 아, 그리고 그 누나 좀 아파 보였어."

"아파 보였다니?"

"오늘 별로 덥지도 않은데 얼굴에 땀도 많이 흘리고 덜덜 떨고 있었어. 그래서 말 걸어 보려다가 무서워서 안 걸었어."

"…!"

Ⅲ.

혹시 그녀가 다시 올지도 몰라 다른 데로 가지도 못하고 마당에 앉아서 그녀를 기다리며 뜬눈으로 밤을 지새웠다.

시간은 야속하게 흘러갔고 긴 밤이 지나도록 결국 소니아는 나타나지 않았다.

어느덧 저 멀리 해가 떠오르고 있었다.

밤의 한기를 고스란히 받은 나는 온몸이 으슬으슬 떨렸고, 아무것도 먹지 못한 탓에 기운이 하나도 없었다.

떠오르는 햇빛을 받으며 겨우 일어나 터덜터덜 아르키메데스의 집으로 향했다.

어쩌면 그녀가 다시 집으로 돌아갔을지도 모른다.

제발 그랬기를 바라며 나는 희망의 끈을 놓지 않았다.

거리에는 어느덧 이른 활기가 차오르고 있었다.

오늘따라 사람들 표정이 더욱 밝아 보였다. 그들과는 달리 나 홀로 회색빛에 물들어 있는 것만 같다.

느린 걸음으로 아르키메데스의 집에 다다랐을 때는 이미 해가 화창하게 떠오른 후였다. 평소대로라면 학교에 가야 할 시간이지만, 오늘은 도저히 마음이 내키지 않았다.

"어? 율리우스 님. 이 아침에 여긴 어쩐 일로?"

마당에 있던 헤르메이아스가 날 보고선 달려와 맞이했다.

"헤르메이아스… 소니아는?"

"아이고. 율리우스 님 대체 행색이 이게 뭐래요? 무슨 일 있으셨습니까?"

"소니아는… 집에 안 돌아왔어?"

"네? 누구요?"

뭐지? 내 말이 잘 안 들리는 건가?

"소니아 말이야. 헤르메이아스."

"소니아…요?"

"장난하지 말고. 어젯밤에 소니아 안 들어왔어?"

"아! 어제 집을 나갔었던! 아 맞다! 소니아가 있었지!?"

"뭐…?"

"같이 방으로 가 보시죠! 혹시 밤중에라도 들어왔을지 모르니. 깜빡하고 확인을 안 해봤네요."

그게 말이 되나? 어제 그 난리가 났었는데 깜박하다니?

하지만 나는 대꾸할 힘조차 없어서 일단은 헤르메이아스를 따라 그녀의 방으로 걸어갔다.

방문을 열었다.

그리고 나는 그대로 굳어버리고 말았다.

그녀의 방 안에는 아무것도 없었다.

그녀가 평소 입던 옷가지들, 온갖 생활용품뿐 아니라 그 많던 그녀의 일기장까지 온데간데없이 사라져 있었다.

"이게… 대체…"

"간밤에 와서 짐을 모두 갖고 도망쳤나 봅니다?"

"그게 말이 된다고 생각해? 여자 혼자서 어떻게 그 많은 짐을 다 옮길 수 있겠어?"

"흠 그건… 확실히 그렇긴 하네요. 근데 율리우스 님은 그녀와 대체 무슨 관계시길래 이렇게 그녀를 찾으시는 겁니까?"

"뭐?"

"그렇잖습니까? 소니아는 엄연히 이 집의 가내 노예이고 지금은 도망자입니다. 그저 궁금해서 여쭙는 것이니, 기분 나빠하진 말아 주십시오."

헤르메이아스의 반응을 보니 나의 뇌리에 직감 하나가 강하게 박혔다.

아닐 거라고 애써 부정하고 힘겹게 외면하던 그 생각이… 결국, 확신으로 다가오는 순간이었다.

그녀는 이 시대를 떠났다.

그나마 남아 있던 다리의 힘이 마저 풀리며 나는 바닥에 주저앉았다.

"으아아아!"

그리움, 허탈함, 야속함, 후회스러움. 헤아릴 수 없는 수많은 감정이 뒤섞이며 두 눈에서 눈물이 흘러나왔다.

Ⅳ.

"어머, 율리우스! 이게 얼마 만이야!?"

오랜만에 등교한 학교에서는 여느 때처럼 일리아나가 소란스럽게 나를 반겨주었다.

"율리우스! 그거 알아? 나 아르키메데스랑 사귀기로 했어."

"뭐?"

깜짝 놀라 일리아나 옆에 있는 아르키메데스를 보니 녀석은 멋쩍은 듯 고개를 다른 쪽으로 돌리고선 딴청을 피웠다.

… 아르키메데스 녀석은 소니아를 기억할까?

궁금했지만 굳이 물어보지는 않았다.

소란스럽게 이어지는 일리아나의 장황스러운 수다를 상대하다 보니 어느덧 수업이 시작되었다.

나는 가방에서 공책을 꺼냈고, 그런 내 모습을 보며 일리아나가 조용히 소곤거렸다.

"오, 율리우스. 웬일이야? 네가 수업 시간에 필기를 다 하고?"

"안 적으면 잊어버리니까."

"와. 너 발표 날 이후로 며칠간 안 보이더니 분위기도 그렇고. 뭔가 좀 더 성숙해진 느낌이 든다? 안 어울리게 말이야. 호호."

나는 피식 웃었다. 소니아가 떠나간 이후로 온통 부정적인 생각만 가득했는데, 뜻하지 않게 칭찬 비슷한 소리를 들으니 반가웠다.

그녀가 떠난 이후로 난 기억하는 모든 것을 기록하고 있다.

처음에는 그녀와 관련된 모든 일을 생각나는 대로 옮겨 적었고, 이후에는 나에 대해서도 틈틈이 적고 있다.

일기를 적으며 확실해진 게 두 가지가 있는데, 첫 번째는 그녀가 다른 시대로 넘어간 것이 분명하다는 점이다.

내가 엘마이온이었을 때, 셀레네였던 그녀가 사라지고 난 후에 그녀와 관련된 모든 것이 사라졌다. 심지어 그녀에 대한 기억마저도. 마치 지금 세상에 소니아가 사라지고 사람들이 그녀를 기억하지 못하는 것처럼 말이다.

셀레네였던 당시의 그녀를 비교적 오랫동안 기억한 사람은 나의 스승이신 히파소스 님이 거의 유일했다. 돌이켜보건대, 아마도 그건 스승님이 그녀의 죽음에 대해 심한 죄책감을 안고 있었기 때문일 것이다.

소니아로 만난 그녀가 언젠가 그런 비슷한 말을 했었다. 일부러 기억하지 않으면 빠르게 잊게 된다고. 그것은 단순히 그녀와 나의 과거 기억에 대한 이야기만이 아니라, 해당 시대에서 사라진 사람의 주변 사람들의 기억에도 마찬가지로 적용되는 듯하다.

두 번째는 지금 시대에서 나에게 남아 있는 삶 또한 얼마 남지 않았다는 점이다.

과거 일련의 과정을 떠올려보면, 아마도 그녀와 나의 시대 이동은 이 주일 정도의 간격이 있다는 것이 나의 판단이다.

셀레네였던 그녀가 사라지고 난 후, 나와 스승님이 무리수의 증명을 시도해 성공했다. 그 때문에 스승님은 피타고라스에 의해 죽임을 당했고 내가 피타고라스학파 사람들에게 쫓기다가 지금의 시대로 삶이 덧씌워져 간신히 목숨을 구했다. 그 모든 사건이 일어난 기간을 셈해 보면 대략 그 정도 기간이다.

그리고 소니아인 그녀가 사라진 후로 내 증상의 고통은 점차 견디기 힘든 수준으로 커졌다. 이 삶이 얼마 남지 않았다는 것이 강하게 느껴질 정도로.

수업을 마치고 일리아나와 인사를 하고서 집으로 가려는 나를, 오늘 내내 한마디도 하지 않던 아르키메데스가 갑자기 불러 세웠다.

"율리우스."

"?"

무슨 일이지?

"저번에는 내가 너에게 졌지만, 다음엔 그럴 일 없을 거다. 요즘 나는 전과 비교도 할 수 없을 정도로 열심히 공부하고 있으니까."

"짜식. 무슨 얘기 하려나 했더니. 겨우 그런 얘기 하려고 부른 거냐?"

"너도 나에게 뒤처지지 않도록 최선을 다해서 공부해라. 나중에 가서 후회하지 말고. … 그리고…"

"뭐야? 또 할 말이 남았어?"

"…"

녀석은 우물쭈물하며 뭔가를 말할 듯 말 듯 망설였다.

"… 아니다. 아무래도 괜한 얘기지 싶네. 잘 가라."

"뭐야. 싱거운 녀석."

나는 피식 웃고선 뒤돌아 발걸음을 옮겼다.

설마?!

다시 뒤돌아보았다. 하지만 어느새 아르키메데스와 일리아나는 팔짱을 끼고선 저만치 걸어가고 있었다.

v.

드디어 오늘인가?

오전 중에 나는 한차례 강한 증상의 고통을 겪었다. 내 몸의 모든 감각이 오늘이 바로 그날이라 소리치는 듯했다.

이렇게 사형선고를 기다리는 시한부 인생처럼 살아가는 것도, 견디기 힘들 정도로 고통스러운 이놈의 증상도 모두 지긋지긋하다. 그녀가 사라진 이후로 급속히 활력을 잃은 나는 부디 더 끌지 말고 오늘, 현재의 삶이 끝나길 바라는 마음이다.

다만, 내가 다음 생으로 넘어간다 해도 거기서 그녀를 다시 만날 수 있을지는 미지수다.

나와 그녀가 함께했던 시대는 고작해야 두 시대뿐. 그녀가 살아왔던 시대의 수가 최소 다섯이라는 점을 감안하면, 설령 내가 다른 시대로 삶이 씌워진들 그곳에서 그녀를 다시 만날 수 있을 거란 가능성은 매우 낮다.

그리고 만약 다음 시대에서 기적처럼 그녀를 만나게 된다 해도, 내가 그녀를 알아볼 수 있을까? 반대로, 그녀는 나를 기억하고 알아봐 줄까?

하지만 애석하게도 나에게 선택권은 없다. 알 수 없는 나의 운명은 또다시 내 삶을 알 수 없는 곳으로 내던질 것이다.

침상에 누워 잠을 청했다.

다른 삶으로 이어지든, 이대로 내 생이 아주 끝나버리든. 그저 잠을 자다가 나도 모르는 사이에 일이 일어났으면 하는 바람으로.

뒤척이다 어느 순간 정말로 잠이 들었는지 꿈을 꾸었다.

생전 듣도 보도 못한 온갖 진기한 광경이 펼쳐진 꿈이었다. 길거리엔 온통 하늘 높이 솟은 건물들이 늘어섰고, 사람들을 태운 커다란 쇳덩이들이 거리를 활보하고 다녔다. 사람들이 입고 있는 옷도 지금이나 예전과는 많이 달랐다.

한창 꿈을 꾸던 중, 갑작스럽게 느껴지는 섬찟한 기운에 화들짝 놀라 깨어났다.

시작됐구나. 정말로 오늘이었구나.

나는 이를 악물었다. 섬찟한 기운은 내 귀를 몇 번 자극하더니, 이내 정신을 잃을 듯한 아찔한 고통이 되어 머릿속에 퍼졌다.

두 눈을 떠보았다. 온통 시꺼멓고 아무것도 보이지 않는다. 손으로 침상을 만져 보았다. 두 손의 감각 또한 조금씩 희미해지고 있었다.

온몸에 식은땀이 흘렀다. 아찔한 고통은 이제 몸 전체로 번졌고 커다란 공포가 나를 엄습해왔다. 어느 정도 생에 대한 미련을 내려놓았다고 생각했는데 아니었나 보다.

살고 싶다. 이렇게 허무하게 죽고 싶지는 않다.

나는 정신을 잃지 않기 위해 발버둥 치듯, 의식적으로 아무 생각이라도 떠올리려고 노력했다.

그렇게 고통이 절정에 달했다 싶은 무렵, 불현듯 소니아의 일기장 더미 맨 아래에 꽂혀 있던 쪽지, 거기에 적힌 그녀의 옛 이름 두 글자가 떠올랐다.

서연.

유클리드는 어떤 사람인가?

유클리드는 기원전 300년경에 살았던 고대 그리스의 수학자이다(고대
이집트의 수학자였을 가능성도 있다).

최초의 대학이자 도서관, 박물관이라고도 불
리는 알렉산드리아 대학에서 활동하였다. 그
의 대표적 업적으로는 기하학과 정수론을 체
계적으로 정리해 총 13권의 원론을 집대성한
것이 꼽힌다.

그는 책에서 '이것이 보여야 할 것이었다(ὅπερ ἔδει δεῖξαι)'라는 말을
즐겨 사용했는데, 이를 라틴어로 번역하면 Quod Erat Demonstran
dum으로, 오늘날 수학 이론의 증명을 마친 후 Q.E.D라고 표기하는
관습은 바로 여기에서 유래한 것이다.

여담으로, 유클리드에게 기하학을 배우던 프톨레마이오스 1세 소테
르왕이 유클리드에게 "기하학을 쉽게 배울 방법이 없겠소?"라고 묻
자, "왕이시여. 길에는 왕께서 다니시도록 만들어 놓은 왕도가 있지만,
기하학에는 왕도가 없습니다"라고 대답했다는 유명한 일화가 있다.

하지만 이 일화는 후세에 창작된 것으로 여겨지는데, 다른 고대 그리

스 수학자였던 메나이크모스와 알렉산드로스 3세 메가스 사이의 일화와 매우 흡사하기 때문이다.

아르키메데스는 어떤 사람인가?

아르키메데스는 고대 그리스 마그나 그라이키아의 일부였던 시라쿠사 출신의 수학자이다.

그의 생애는 출생지와 죽음 이외에 알려진 바가 그리 많지 않으나, 청년기에 알렉산드리아와 이집트에서 공부하였다는 것 정도는 사실로 여겨진다.

그는 흔히 고전고대(그리스·로마 시대) 시기의 가장 뛰어난 수학자로 평가받곤 하는데, 플루타르코스 영웅전으로 유명한 고대 그리스의 정치가 플루타르코스는 그의 책에서 '아르키메데스는 저급한 삶의 욕구에서 비롯되지 않은 순수한 사색에 그의 모든 역량과 야망을 쏟아부었다'라며 그를 칭송했다.

그의 업적은 비단 기하학, 대수학뿐만 아니라 해석학, 조합론 등 수학의 다양한 영역에 고루 남아 있으며, 대표적인 업적으로는 정적분의 기본 아이디어인 구분구적법[1]을 체계화한 것과 원주율 파이(π)를 인

---

1 도형의 넓이 또는 부피를 잘게 쪼개어 근삿값을 구하고, 이 근삿값의 극한값으로 도형의 넓이와 부피를 구하는 방법.

류 최초로 엄밀히 계산한 것, 인류 최초로 분명하게 무한소[2]를 사용한 것, 평면 및 입체도형의 무게중심과 부체의 균형 원리를 밝혀낸 것, 지레의 여러 원리를 밝혀낸 것 등을 꼽을 수 있다.

여담으로, 왕관이 순금인지 아닌지를 밝혀 달라는 왕의 부탁을 받고 고민하던 아르키메데스가 욕조에서 흘러넘치는 물을 보고서 영감을 얻어 벌거벗은 채 "유레카!"라 외치며 거리를 활보하였다는 일화가 유명한데, 이는 후대에 각색된 것으로 여겨진다.

유클리드의 원론이란?

총 13권으로 구성된 원론은 기하학 원본이라는 제목으로도 불리며, 흔히 '세계 최초의 수학 교과서'라 일컬어진다.

제1권에서 제4권까지는 2차원 기하학에 관한 내용을 담고 있다.

제5권에서는 비율과 비례로부터 시작해 기초적인 수론을 다룬다.

제6권에서는 제4권에 이어 이를 도형에 적용하고 제10권까지 다시 수론이 전개된다.

제11권에서 제13권까지는 3차원 기하학에 관한 내용을 담고 있다.

유클리드의 원론이 수학사의 고전이

---

2 무한히 작은 수로, 어떠한 양의 실수보다도 작지만 0보다는 큰 수를 말한다.

된 이유는 일정한 공리들로부터 결과를 이끌어내는 체계적인 논리전개 방식 때문이다. 공리 체계에 바탕을 둔 현대의 수학은 바로 이 원론에 근원을 두고 있다고 봐도 과언이 아니다.

실제로 유클리드의 원론은 수학사에서 가장 영향력 있는 저술 가운데 하나로 늘 손꼽히며, 출판된 뒤부터 19세기 말 또는 20세기 초까지도 수학, 특히 기하학을 가르치는 데 중요한 교과서로 쓰였다.

여담으로, 원론의 공리들로부터 연역된 기하학의 체계는 흔히 '유클리드 기하학'이라 불린다.

① 명제

명제는 '참' 또는 '거짓'임을 검증할 수 있는 객관적인 문장을 말한다.

예컨대 '베토벤은 음악의 천재이다', '노인들은 공경해야 할 대상이다' 같은 문장은 거의 진리로 인정받는다고 하더라도, 객관성을 만족한다고 보기 힘들어 명제로 보지는 않는다.

반면에 '소크라테스는 인간이다'는 참인 명제로, '파리는 한국의 수도이다'는 거짓인 명제로 분류된다.

② 공리와 공준

공리는 별도의 증명을 하지 않는 자명한 진리이자 다른 명제를 증명하는 데 전제가 되는 원리로서 가장 기본적인 가정을 가리킨다.

또한, 어떤 한 형식체계의 전제로 주어지는 공리들의 집합을 공리계라고 부른다.

공리 외에 공준이라는 용어도 사용된다. 이 두 단어를 같은 의미로 쓰는 경우도 있으나, '공리'가 여러 학문적 영역에서 공통으로 적용되는 자명한 가정을 가리킨다면, '공준'은 영역별로 자명하게 받아들여지는 가정을 일컫는다.

다음은 유클리드 원론 제1권에 명시된 공리와 공준이다.

공리

1. $A=B$이고 $B=C$이면 $A=C$이다.

2. $A+C=B+C$이면 $A=B$이다.

3. $A-C=B-C$이면 $A=B$이다.

4. 서로 대응하는 것들끼리 완전히 일치하는 것은 서로 같다.

5. 전체는 부분보다 크다.

공준

1. 임의의 점에서 다른 임의의 점으로 직선을 그을 수 있다.

2. 임의의 선분을 연장해서 그을 수 있다.

3. 임의의 점을 중심으로 특정한 반지름을 갖는 원을 그릴 수 있다.

4. 모든 직각의 크기는 서로 같다.

5. 1개의 직선과 2개의 직선이 만날 때 서로 마주 보는 각의 합이 2직각보다 작은 쪽에서 두 직선이 만난다. (평행선 공준)

③ 정의

정의는 용어의 의미를 설명하는 문장이다.

정의는 정확한 사고의 출발점이므로 애매한 말이나 여러 뜻으로 해석 가능한 말 혹은 그와 똑같은 의미의 말을 써서는 안 되며, 순환정의 또한 피해야 한다.

예를 들어, '짝수는 홀수가 아닌 정수이며, 홀수는 짝수가 아닌 정수이다'는 짝수와 홀수에 대한 올바른 정의라 보기 힘들며, '짝수는 2로 나누어떨어지는 정수이며, 홀수는 2로 나누어떨어지지 않는 정수이다'는 각각 짝수와 홀수에 대한 정의로 바람직하다.

④ 정리와 보조정리 및 따름정리

공리와 정의를 그 전제로 시작하여, 연역적 수단에 의해 유도되는 명제를 정리라 한다. 또한, 정리를 증명하기 위해 사용하는 보조적 명제를 보조정리라 하고, 정리로부터 쉽게 도출되는 부가적 명제는 따름정리라 한다.

⑤ 아르키메데스의 무한소 논법

아르키메데스의 무한소 논법은 역사상 최초로 분명하게 무한소를 사용한 논법으로 알려져 있으며, 아르키메데스 C 사본[1]에서 발견되었다.

---

1 아르키메데스의 저작들은 발견된 순서에 따라 A, B, C 사본으로 불린다. A는 1564년경에 유실되었고, B는 1311년에 마지막으로 확인되었으며, C는 1906년에 발견되었다.

C 사본에서 아르키메데스는 그의 역학적 방법을 설명하는데, 이는 지렛대에 작용하는 토크[2]와 무게중심의 개념을 사용한다. 이들 개념은 모두 아르키메데스가 처음 도입한 것이다.

이를 이용하여 아르키메데스는 다음과 같은 도형에서 삼각형의 넓이와 색칠한 영역의 넓이의 비율이 3 : 1 임을 증명했다.

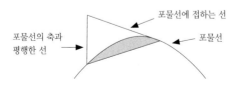

포물선에 접하는 선

포물선의 축과
평행한 선

포물선

하지만 역설적이게도 아르키메데스는 자신의 이 논법이 수학적으로는 엄밀한 증명이 아니라고 시인했으며, 그가 사용한 무한소의 존재 또한 인정하지 않았다고 전해진다.

---

2 물체를 회전시키는 효력을 나타내는 물리량으로, 힘과 받침점까지의 거리의 곱이다.

매스매틱스 1

초판 발행 · 2020년 12월 1일
초판 4쇄 발행 · 2022년 12월 26일

지은이 · 이상엽
발행인 · 이종원
발행처 · (주)도서출판 길벗
출판사 등록일 · 1990년 12월 24일
주소 · 서울시 마포구 월드컵로 10길 56(서교동)
대표전화 · 02)332-0931 | **팩스** · 02)323-0586
홈페이지 · www.gilbut.co.kr | **이메일** · gilbut@gilbut.co.kr

기획 및 책임편집 · 김윤지(yunjikim@gilbut.co.kr) | **디자인** · 박상희 | **제작** · 이준호, 손일순, 이진혁
영업마케팅 · 진창섭, 강요한 | **웹마케팅** · 송예슬 | **영업관리** · 김명자 | **독자지원** · 윤정아, 최희창

교정교열 · 박선주 | **전산편집** · 도설아 | **출력 및 인쇄** · 예림인쇄 | **제본** · 예림바인딩

ISBN 979-11-6521-373-2 (04410)   (길벗 도서번호 080256)
ISBN 979-11-6521-372-5 (04410)   세트

독자의 1초를 아껴주는 정성 길벗출판사

길벗 IT단행본, IT교육서, 교양&실용서, 경제경영서
길벗스쿨 어린이학습, 어린이어학

이 책을 먼저 본 베타 리더의 말

원고지를 받자마자 숨 쉴 틈도 없이 읽은 것 같네요. 시대적 배경을 상상하면서 읽으니 내용이 너무 재미있어서 시간 가는 줄도 몰랐습니다. - 박승진(10대)

수학적 호기심과 탐구심에 대한 충분한 동기를 얻을 수 있었습니다.
- 김일훈(10대)

수학과 친해지고 싶은 독자에게 추천합니다. - 장용원(20대)

중학생, 고등학생, 수학이 궁금한 어른까지 누구나 이 책을 읽으면 수학에 대한 느낌이 확 달라질 것입니다. - 김규희(40대)

피타고라스와 유클리드가 내 지인이 되는 기분을 느꼈습니다. - 홍은채(20대)

정말 재미있게 읽었습니다. 전체적으로 스토리가 흥미 있었고, 수학적 내용과의 조화도 괜찮았습니다. - 오지민(10대)

시대를 뛰어넘는 두 주인공의 이야기, 시간 가는 줄 모르고 읽었습니다. 단순히 수학적인 지식을 알려주는 책과는 느낌이 전혀 달랐습니다. - 김우석(20대)

이 이야기의 결말이 어떻게 될지 얼른 다음 편을 보고 싶은 마음뿐입니다.
- 이성민(30대)

다른 시대에 있는 수학자들의 삶과 그 속에서 주인공과의 대결, 러브스토리까지! 책의 마지막 페이지까지 단숨에 읽어 나갈 수 있었습니다. - 장훈(30대)

수학과 시간 여행 스토리를 섞어 놓아 일반 독자들도 쉽게 수학을 접할 수 있는 책입니다. - 박규진(20대)